U0150712

"弘教系列教材"编委会

弘教系列教材

江西武夷山动物生物学野外实习手册

主　编　罗朝晖　王艾平
副主编　林　弘
编　著　罗朝晖　王艾平　林　弘　耿　慧
　　　　吴　凯　杨　锌　张林雅

復旦大學出版社

内容简介

　　全书共分4章：第一章为动物生物学野外实习的目的、内容和要求；第二章为动物生物学野外实习的主要方法和步骤，主要包括昆虫、两栖动物、爬行动物、鸟类、哺乳动物的野外识别的基本方法；第三章为动物生物学野外实习中的生态学研究；第四章为江西武夷山地区常见动物种类图册，包括哺乳类20种、鸟类40种、爬行类10种、两栖类10种、昆虫类180种。本书是江西武夷山地区高等院校生命科学学院师生动物生物学野外实习必备手册，也可供武夷山周边地区动物生物学研究人员参考。

前　言

　　动物生物学是生物、医学、农学等专业的基础课程之一。动物生物学的学习可以培养学生对不同动物的形态结构、生理功能、发育进化、行为习性等生物学基本概念的认识掌握,建立生命科学的基本知识体系,对培养学生专业兴趣也十分重要。因此,动物生物学课程在生物科学专业中有非常重要的地位。

　　动物学野外实习是动物生物学实践教学中的一个重要环节。野外实习是理论课和实验课的延伸,是课堂教学的有益补充,是相关专业本科生实践教学的重要组成部分。野外实习的突出特点在于生动性、直观性、综合性和实用性,可以加深学生对基础理论知识的理解,培养观察能力,提高分析问题与解决问题的能力,在创新型人才的培养中发挥重要作用,是培养高质量生物学人才的关键。对学生学习后续课程乃至他们今后的发展有着重要意义,有利于培养学生野外工作能力。通过动物学野外实习,可以让学生了解自然生态环境中的一些动物形态特征和生活习性等方面的知识,掌握动物标本的采集、鉴定、制作和保存的方法,巩固课堂上学到的理论知识;另一方面,在野外实习中可以培养学生观察、分析和解决问题的能力,提高学生的动手能力,培养团结协作精神,增强热爱自然和保护环境的意识,对生物学专业学生综合素质的培养有重要的影响和作用。

　　江西武夷山国家级自然保护区是 2002 年晋升为国家级自然保护区的,它位于江西省铅山县南部武夷山脉主峰黄岗山区域的西北坡,地处亚热带中部季风湿润区,总面积 16 007 hm²,年均气温 14.2℃,年均降水量 2 583 mm,海拔 300～2 163 m(平均 1 200 m),在中国动物地理区划上属于东洋界中印亚界的华中东部丘陵平原亚区。生境复杂性与海拔之间有一定的相关性。2015 年,我国出台建立国家公园体制试点方案。2016 年,武夷山自然保护区成为全国首批 9 个国家公园体制试点区之一。武夷山国家公园是中国东南大陆现存面积最大、世界同纬度带保存最完整的中亚热带森林生态系统。公园内地貌复杂,生态环境类型多样,为野生动物栖息繁衍提供了理想场所,被中外生物学家誉为"蛇的王国"、"昆虫世界"、"鸟的天堂"、"世界生物模式标本的产地"、"研究亚洲两栖爬行动物的钥匙"。武夷山国家公园目前已知的动物种类有 7 516 种,拥有丰富的水生生物资源,包括浮游动物、底栖动物、鱼类和水生动物等。其中,浮游动物 67 种,哺乳纲 79 种,鸟纲 302 种,鱼类 22 科 56 属 104 种,两栖纲 35 种,爬行纲 80 种,昆虫 31 目 341 科 6 849 种(其中有 700 余个新种,20 种中国新纪录)。在动物种类中,尤以两栖类、爬行类和昆虫类分布众多而著称于世。2011 年已列入国际《濒危物种国际贸易公约》(CITES)的动物有 46 种,其中黑麂、金铁豺、黄腹角雉等 11 种列入一级保护动物。属于中日、中澳候鸟保护协定保护的种类有 97 种。中国特有野生动物 49 种,崇安髭蟾(角怪)、崇安地蜥、崇安斜鳞蛇、挂墩鸦雀更为武夷山所特有。因此,武夷山国家公园是一个理想的可供高校和科研院所进行野外实习和科研的基地。

　　上饶师范学院距离武夷山国家公园 108 公里,交通较为便捷。每年春夏两季,生命科学学院一年级学生在武夷山进行为期 1 周的动物生物学野外实习 1～2 次,连续已近 20 年,在实习过程中总结了大量的经验。在实践教学中,对武夷山自然保护区的常见动物进行分类、整理,期望能汇成一本适用于将武夷山国家公园作为实习基地的指导手册,使生物类专业学生的动物生物学野外实习实践取得良好效果,保证野外实习的教学质量,满足实习教学的需要,更好地达到生物学野外实习的目的。所以,我们编写了这本书。

《江西武夷山动物生物学野外实习手册》以江西武夷山较常见的动物种类为主,共计收录254种动物,主要包括昆虫纲、两栖纲、爬行纲、鸟纲和哺乳纲。以文字标注动物特征、分布及用途,并配有彩色图片,每种动物配有别名、拉丁名、科、属等信息,内容做到图文并茂。全书共分4章:第一章是动物生物学野外实习的目的、内容和要求,第二章是动物生物学野外实习的主要方法和步骤,第三章是动物生物学野外实习中的生态学研究,第四章是江西省武夷山地区常见动物种类彩色图册。

本书属于上饶师范学院"弘教系列教材",可作为动物学野外实习的教学参考书,对于从事动物学相关工作的科研人员和业余爱好者也有帮助。本书的编写完成离不开林弘、耿慧、吴凯、杨锌、张林雅等同志的认真工作,感谢他们的辛勤劳动。

由于时间仓促及编者水平有限,书中难免有疏漏和不足之处,恳请广大专家、同行、读者在使用过程中能够提供宝贵意见,反馈使用信息,以完善和提高教材质量。

罗朝晖　王艾平

2018 年 11 月

目　录

3

5

第一章

动物生物学野外实习概述

一、实习目的

通过动物生物学野外实习,巩固和提高动物生物学课程所学知识,初步掌握野外工作的基本方法,进一步培养学生的观察能力、分析问题和解决问题的能力,以及独立从事野外研究工作的能力,为今后从事生物学教学和研究打下初步基础。

二、实习内容

实习内容包括野外研究基本知识技能和专题研究两方面。知识技能的掌握通过教师的专题介绍和同学的分组活动实现;专题研究是在教师的指导下,充分发挥学生主动性。具体内容包括考察、采集、辨认武夷山当地常见的水生和陆生动物,如节肢动物门、鱼纲、两栖纲、爬行纲、鸟类及哺乳类动物,还有参观博物馆中的动物标本等。收集武夷山动物生态资料,学习武夷山动物生态学研究的方法。

三、实习要求

实习前由实习工作领导小组组织全部实习生召开宣传动员与安全教育专题会议,强调组织纪律和人身财产安全工作。实习组织者提前向学校保卫部门提交大型活动申请表、备案。野外实习由教学单位领导亲自带队,并由辅导员随队负责学生管理、安全纪律等工作。实习班级班干部负责后勤保障工作,并提前购买常用药物以备突发事件出现。

指导教师在实习期间,手机等通信工具 24 小时开机保持通讯畅通,教师对学生要严格要求,加强指导,组织好各种实习活动。指导教师应对学生进行安全教育,使学生严格遵守实习单位在安全方面的规章制度。教师在实习过程中要以身作则、言传身教,全面关心学生的思想、学习、生活、健康与安全,重视专业技能的培养和提高。学生在实习期间违反纪律,指导教师应立即给予批评和教育,对情节严重、影响极坏者,带队教师应及时处理。实习结束时指导教师要认真做好考核和总结工作。

参加实习的学生应按照实习计划的要求和规定,认真遵守纪律,完成实习任务。实习期间要积极与其他同学合作,完成标本的识别与压制保存工作。实习结束后认真撰写实习报告,并写出心得体会,与其他师生进行讨论交流。

四、实习考核

(1)实习生实习成绩由实习报告与实习考核成绩情况两部分组成。

(2)实习报告以教学单位统一印制下发的动植物野外实习手册附件为准,根据学生完成情况确定成绩。

(3)成绩分为 5 个等级,即不及格、及格、中等、良好、优秀。

(4)成绩合格者,完成本科专业见习应修读学分(2 学分)。

五、安全注意事项

实习的整个过程在校外进行,各种突发和意外事件比在学校里更易发生,尤其是安全问题,始终是野外实习的重中之重。教师要反复强调安全问题,学生要牢记安全注意事项。

(1)出野外途中要绝对服从带队教师指挥。

(2)实习前必须作好各方面的准备。特别是必要的学习和生活用品,包括:动物生物学教材(3 人合用 1 本),草帽,结实耐用的背包,便于运动的鞋,衬衣、长裤、棉袜,洗漱用品,雨具,常用药品,水壶,小刀,手电,不透水的袋子、垫子,食品(最好是带咸味的食品)等。还有野外随身物品,包括:实习器具、食物、水、雨具、记事簿和笔等。

(3)实习中最重要的问题之一是人身安全。在实习中要避免单独行动,坚决反对个人的冒险行为,防止迷路。野外活动中要防止毒蛇、山蚂蝗、毒蜂和野兽等的伤害,最好穿长袖衬衣和长裤,必要时穿上棉布长袜,既避免植物划伤身体,也可以防止昆虫叮咬。在可能有野蜂和蚂蟥的地方要小心检查,发现它们也不要惊慌,保持镇定往往能减少所受的伤害。未经教师允许,切勿离开现成的山路而随意步入草丛或树林。在险要的地段更要小心谨慎,休息时间避免站立崖边或攀爬石头拍照、观景。不能下水游泳,晚上不能单独外出。服从安排、严格遵守纪律是确保安全的前提。

(4) 切勿采摘不熟悉的野生果实或蘑菇食用,或饮用不确定的水源。遇见武夷山短尾猴等大型野生动物时不要穿过于鲜红的衣服及大声喧哗,和野生动物保持适当距离,不要靠得太近,更不要惊吓或挑逗野生动物。

(5) 控制体力的消耗,长距离步行时要尽可能减掉不必要的负荷;每隔一定时间喝一次水,每次不要喝太多;注意运动的节奏,不要频繁坐下休息,也不要劳累过度。

(6) 每个同学要明确实习的目的,始终把实习活动放在中心地位,把好奇心集中于对生物世界的探索。野外实习既新奇又艰苦,是磨炼意志品质、培养吃苦耐劳精神的大好机会,希望同学们好好珍惜。实习期间应遵守作息时间,做到劳逸结合。

(7) 分配给各组及个人的采集工具应妥善保管、使用。采集整理完的标本在返回时要妥善保管,回校后统一处理。各班自行准备预防中暑的药、止泻药、抗生素等,预防毒蛇药。

(8) 严格遵守武夷山国家级自然保护区管理局规定,有事及时与带队教师联系,违者严肃处理,严禁酗酒。

(9) 讲文明、有礼貌。发扬互助友爱、尊师爱生的精神。与实习地村民友好相处,时时处处体现新一代大学生的良好风貌和素质。

(10) 遵守武夷山国家级自然保护区的有关规章制度,爱护保护区的一草一木,不在核心保护区采集,不在竹木上刻画。增强环保意识,不乱扔垃圾。

第二章

动物生物学野外实习的主要方法和步骤

 § 2.1 动物标本的采集、制作与保存

2.1.1 昆虫标本的采集与制作

一、昆虫标本的采集

（一）采集用具

（1）捕虫网。网圈直径约 34 cm,一般用粗铁丝或钢丝制作,网袋长约 67 cm,木柄长约 1 m。按结构、用途分为捕网、扫网和水网3 种。

（2）吸虫管。由 1 只玻璃瓶、2 根玻璃管构成。其中弯曲的 1 根玻璃管用来对准昆虫;另一根的内端包有纱布,外端连橡皮管,可以口吸,用来捕捉蚜虫、木虱、粉虱、寄生蜂等小型昆虫。

（3）马来氏网。由一方开口的棉纱或尼龙纱网制成,网色为黑色或绿色。可定点布置在林地、灌木丛等环境中,捕捉小型飞翔昆虫和寄生蜂等。

（4）毒瓶。选取大小适当的广口瓶,用纱布包裹的棉花塞紧底部,可用氨水或乙酸乙酯作为毒剂,不用时塞紧瓶塞,注意清洁,防止破碎。

（5）指形管。一般用玻璃制作,大小、规格不一,内装乙醇溶液或浸渍液,可将软体昆虫或微小昆虫放入杀死或保存。

（6）采集盒。可用保鲜盒充当，采集到的昆虫杀死后放在其中，可用纸巾分隔，起到防止标本之间的相互摩擦。

（7）采集箱。防压标本、需要及时插针的标本以及三角纸包装标本，均可放在塑料采集箱内。

（8）三角纸。用坚韧的白色光面纸，裁成 3∶2 的长方形纸片，大小多备几种，用来包装临时保存的标本。

此外，还包括镊子、黑光灯等。

（二）采集方法

（1）观察法。在各种不同的生境中，注意观察所栖息的昆虫种类、危害部位或栖息部位，然后采集一定数量的标本。

（2）搜索法。在植物上、石头下面、土壤里、树皮下、树洞里、动物尸体上、动物粪便下等地方搜集昆虫。

（3）击落法。昆虫（如甲虫）具有假死性，猛击寄主植物，这些昆虫会落到地面。有的昆虫虽没有假死性，但猛受刺激也会落到地面，或飞到其他植物上，这样可以发现这些昆虫以便网捕。有的昆虫的体色或体态与生活的环境极度相似，当虫受惊时拟态被解除。

（4）引诱法。利用昆虫的各种趋性，如趋光性、趋化性、趋食性等习性采集昆虫。蛾类多具趋光性，夜晚可用白炽灯和黑光灯来诱集。此外，如螳螂、蜂、螽斯、叶蝉、甲虫等类群也具有一定的趋光性。

（5）网捕法。网捕法是采集昆虫最常用、也最有效的方法。

对于生活在植物丛中的小型昆虫，可用扫网采集。

对于空中飞行的昆虫，可用空网采集，如蝶类、蜻蜓、蜂等。①对于蝶类，由于体及翅上的鳞片易脱落，采到后将翅折于体的背面，并用手指轻捏虫体的胸腹部，使其立即死亡，然后放于三角纸包中。②蜻蜓捕到后，也应将翅折于身体的背面，并用手指轻捏胸部之后放于三角纸袋中。放有蝶类和蜻蜓的三角纸袋，要放于盒中或其他不易被压的地方，以防止损坏。③当用网捕到蜂或其他可能有毒的昆虫时，可先将网折叠，然后慢慢用镊子把虫放入毒瓶中，或将虫网的局部与虫一起放入毒瓶中，当昆虫被毒杀或昏迷时，再用镊子夹到毒瓶中。

对于水生昆虫,如水黾、短期生活于水中的稻蝗等,最好用水网捕。

（三）注意事项

（1）标本要完整,即采集时不要损坏虫体的任何部分。

（2）全面采集,即根据采制目的,在重点采集的同时,要注意各虫态、大小。雌雄形状各异的昆虫也要采集,还要注意不同地区、不同海拔、不同生态条件下的采集,更要细心收集树皮下、杂草间、石块下、落叶下隐蔽的昆虫(尤其在冬天)。

（3）随时正确记录采集地点、日期,并尽可能记下它们的食物和生活环境、寄主、天敌情况等。

（4）对所采标本要及时整理制作,防止堆集霉坏。

二 昆虫标本的制作

（一）制作用具

（1）昆虫针。用于插昆虫标本,可根据标本大小等具体情况,分别选用 00、0、1、2、3、4、5 号针,其中 5 号最粗。

（2）三级台。用来把昆虫和标签固定在一定高度上,各级 8 mm,中央有孔。

（3）展翅板。用于展翅,由 3～5 块木板构成,中间有槽,槽的宽窄能依虫体大小而活动。也可用泡沫板做成。

（4）黏虫纸。可用普通的名片纸剪成三角形,来黏小型的昆虫。

（5）黏虫胶。一般用虫胶(或漆片)经 95% 酒精溶解后使用,也可用泡沫板经二甲苯溶解后使用,或者万能胶、其他快干的胶。

（6）还软器。用来软化已干燥的昆虫标本,可用干燥器改装。器皿底装一层湿沙,并加少量石炭酸以防生霉。把干标本放在瓷隔板上,边上涂一层凡士林,盖好盖,皿内蒸汽在两三天内即可把标本软化。

（7）幼虫吹胀干燥器。可用来干制幼虫标本。其结构是将煤油灯罩横架起来,下面用酒精灯加热,并不停转动,便成为一个方便的烘烤设备。吹胀器具是手控打气球,端部连一个细玻璃管。

（二）制作方法

（1）插虫法。选择适当大小的昆虫针，插在昆虫身体上。要求昆虫针与虫体垂直，这样才能使虫体平直。标本的针插高度要规范，做好的标本其背缘到昆虫针帽端部距离要一致，保持 8 mm。各种昆虫都应插在一定的位置：直翅目和螳螂目插在前胸背板中部后方右侧；半翅目插在中胸小盾片中部偏右方；鞘翅目插在右鞘翅的基部右方；蜻蜓目、鳞翅目和膜翅目插在中胸背板正中央。标本的采集标签在三级台第二级位置。

（2）插鬃法和填充法。身体细长的昆虫，干后怕腹部折断，可从腹部末端插入一根小竹枝或马尾鬃；腹部大而柔软的昆虫，不易干燥，为防止腐烂，可将腹部从腹面剪开，将内脏和脂肪掏出，塞入纸屑或棉花，再装成原形。甲虫、蝽象、蝗虫等昆虫，插针后将触角和足的姿势加以整理，使之对称、整齐、不失自然姿态。待干燥定型后，即可收入标本盒。

（3）展翅法。蝶蛾、蜻蜓等昆虫，插针后还要展翅，先取大小合适的虫针，按三级台特定高度插定，移到展翅板的槽内，虫体背面与两侧木板平，调节木板，使中间空隙与虫体大小相适合，再将平板固定，然后用光滑的纸条和大头针把翅展好。另外，展翅也有一定的要求。例如，蛾与蝶、蜻蜓、直翅目的昆虫，展翅时要求左右前翅后缘呈一水平直线；双翅目与膜翅目的昆虫，要求左右前翅的顶角与头呈一直线；脉翅目昆虫，要求左右后翅的前缘呈一直线。展好翅的标本放置 1 周左右，即可干燥定形，取下后放入标本盒。

（4）微小昆虫标本制作法。微小昆虫可用 0 号或 00 号的虫针从腹面插入，把针的末端插在软木片上，按照昆虫的插法将软木片插在 2 号虫针上，或用黏虫胶将小型昆虫黏在三角形台纸的尖端上（纸尖黏在虫的前足与中足之间），底边插在昆虫针上，三角形台纸的尖端向左，虫的前端向前。

（5）浸制法。虫体柔软微小的昆虫，采得时可直接放入 75％的乙醇溶液或乙醇和冰醋酸混合液（100∶5）里保存。一般 100 份保存液中含水氯醛 60 份、甘油 40 份。

（6）生活史标本和制作。完整的生活史标本应具有害状、各龄幼虫、蛹、成虫（♂、♀）、卵、标签，甚至天敌。标本盒的大小一般为30 cm×23 cm×2.5 cm 或 15 cm×11.5 cm×2.5 cm 两种。标签上写上学名、中名、科名、寄主、时间、制作人等。

（7）玻片标本的制作。对于蚜虫、蚧壳虫、蓟马等微小昆虫标本，为签定和保存的方便，必须做成玻片标本。

第一步：软化及清除体内物质。一般是用 5%～10%的氢氧化钠（或氢氧化钾）溶液浸泡或煮沸。浸或者煮前，可先在虫体不重要的部位用针刺 1～2 个小孔，时间视虫体大小和体壁结构而定，以透明为度。处理后的标本必须用清水充分洗净。

第二步：染色。常用染色剂有品红、伊红、洋红等，时间 5～15分钟，色稍重些为好，因为脱水和透明时还要褪色。酸性品红的配制方法如下：称取 0.5 g 品红，加 10%盐酸 25 ml、蒸馏水 30 ml，过滤即可。

第三步：脱水及透明。依次通过 30%、50%、75%、80%、85%、90%、95%、无水乙醇、二甲苯（或丁香油）即可。在各级乙醇中一般浸 5～10 分钟，第二次在无水乙醇及二甲苯（或丁香油）中停留时间可短些（3～5 分钟）。由于高浓度乙醇及二甲苯可使标本变硬、变脆，整肢、展翅的标本应放在脱水过程中逐步进行。若当天不能完成脱水工作，应使标本停留在 75%乙醇溶液中，待第二天继续脱水。

第四步：封片，加标签。封片胶一般用国产中性树胶 1～2 滴，迅速整肢后盖上大小适当的盖玻片，放在 40℃烘箱中烘干即成。还要在玻片的一端贴上采集标签，另一端贴上鉴定标签。

（三）注意事项

（1）针插标本的针插部位、标本在昆虫针上的位置、标签在昆虫针上的位置以及标签的书写一定要规范。

（2）制作玻片标本时水要脱净，否则做成的玻片标本呈现雾状，看不清楚；胶不易滴得过多；盖片时要尽量减少产生气泡。

2.1.2　两栖类标本的采集、制作与保存

 一、两栖动物采集

武夷山的两栖动物约 200 种,大多分布在溪流沿岸和山涧旁,少数分布在茶园和森林地区,海拔在 500～1 200 米之内。

（一）两栖类的活动规律

两栖类的活动规律主要表现在季节性活动和昼夜活动两个方面。

（1）季节性活动。武夷山地区的两栖类一般在 2—4 月结束冬眠,开始苏醒;个别早的(如中华大蟾蜍)在 1 月、晚的(黑斑蛙和泽蛙)在 4 月苏醒。有些种类苏醒后即进入繁殖期,如大蟾蜍。有些种类(如泽蛙)需到春夏两季才进入繁殖、生长发育和觅食主要时期。挂墩角蟾则在 10 月进入繁殖产卵期。

（2）昼夜活动。无尾两栖类大多在夜间活动,它们白天匿居于隐蔽处,以躲避炎热天气。例如,大蟾蜍常匿居于杂草丛生的凹穴内,黑斑蛙多匿居下草丛中,等等。黎明前或黄昏时活动较强,雨后更加活跃,但少数种类(如泽蛙)则在白昼活动。有尾两栖类一般也多在夜间活动。例如,大鲵白天潜居在有回流水的细沙的洞穴内,傍晚或夜间出洞活动,只有在气温较高的天气,才在白天离水上陆、在岸边活动。

（二）两栖类的采集

动物的采集是研究动物变异、分布和生活史等的基础工作。

进行采集时,应该注意如下 4 个问题。

（1）采集活动应事先征求武夷山国家级自然保护区管理局的许可。不得采集法定保护动物(如大鲵)等。

（2）事先准备好装存用具。有尾类和小型蛙类可装入广口瓶中,瓶盖最好穿孔,以保证动物不死。瓶内还需要放进少量的水以保持湿度,但不能多到埋着动物的头部。大型蛙类最好装在布袋内,还需要把袋子弄湿。就近采集可以准备带盖的塑料桶装存。

（3）事先根据所采集的动物栖息环境选好采集目的地。

（4）尽量使用最简便的采集方法。最简便的方法是用手捕。捉蛙类时，要用手握住蛙后肢前面身体的全部。握有尾两栖类时，捏颈部或握躯干均可，但不可触及尾部，有些种类的尾部很容易折断。

（三）采集用具

（1）钉耙和钩。钉耙和钩是翻覆盖物、寻找标本的必要工具。

（2）头灯或强光手电筒。头灯或强光手电筒是进行夜间采集的重要工具。许多两栖类在人工光线照射之下并不惊动，蛙类常继续鸣叫。但是，在要接近它们的时候必须尽量不发出任何声响，否则它们就会很快逃脱。

（3）水网。网眼大小要适于打捞蝌蚪或有尾类幼体，网底要比网口宽得多，并且从网口到网底要尽可能深些，以防止入网的大青蛙跳出。

（4）拦网。需要两个人各执网的一端，必须注意动物不能从网底逃脱。拦网宜于在小河或溪水中使用，采集人需要从上流翻动水底所有石块及其他障碍物，把动物赶入网内。

（5）钓竿。钓竿类似钓鱼竿，可用以钓捕较大的水生种类，如大型蛙类。用肉或鱼作饵，偶尔也可钓到有尾类幼体。钓大的个体时，必须用金属引线。

（四）采集的时间和环境

（1）采集时间。武夷山地区的 2—10 月，都有两栖类进行繁殖。尤其是 3—7 月，进行繁殖的种类最多，是采集的最好时期。在傍晚 19:30 至深夜 24:00 点之间，雌、雄成体会集到水域或近水域场所，活动频繁，觅食、相互抱对产卵，此时不仅可采到许多成体，也可采集卵块和蝌蚪。

（2）采集环境。适合采集两栖类的环境，一般是草木繁茂、昆虫滋生、溪流、池塘和山涧较多的地方。在这样的环境中，两栖类的种类和个体数目最多。

（五）采集方法

1. 无尾两栖类的采集方法

对活动能力较弱的种类（如大蟾蜍、花背蟾蜍和中国林蛙），可用手直接捕捉。对水中活动和跳跃能力较强的种类(如黑斑蛙、金线蛙、蝾螈等),可用网捕捉。有些种类栖息于洞穴、水边或稻田草丛中(如虎纹蛙),可用钓竿进行诱捕。诱捕时,一手持钓竿,不时抖动钓饵,诱蛙捕食。蛙类具有吞食后不轻易松口的特点,可以利用这一特点进行捕捉。

无尾两栖类在夜间行动迟缓,尤其在手电筒照射时,往往呆若木鸡,很好捕捉。但夜间路途难行,采集者如果道路不熟悉,容易落入水中。因此,组织学生采集两栖类时,应安排在白天进行,以防止发生意外。

2. 有尾两栖类的采集方法

有尾两栖类大多为水栖,而且大多栖居在高山溪流的浅水中,白天多潜伏在有枯枝、落叶的石块下或石缝中。可在白天翻动石块寻找。有些种类生活在山区水塘中(如肥螈、瘰螈等),当水清时,常能从水上看到它们。这些种类性情温和,游动缓慢,可用手捕捉或用网捕捞。

二、颜色记录和照像

两栖动物死后颜色常会改变。所有两栖类在福尔马林和酒精中保存一个时期以后都将褪色,因此,在杀死这些动物以前,应当把身体各部分的颜色确切地记录下来。如果可能,还应当进行彩色拍照。

三、杀死

杀死、测量和固定保存的工作可在室内进行。在进行保存以前,先把动物杀死非常重要。因为把动物直接投入保存液中,动物将会因为强烈疼痛而僵硬收缩。杀死的动物在刚刚死后身体是舒展的,便于进行测量,也便于随心所欲地把它安排在盛有保存液的容器内。

乙醚是最好的杀伤药。把少量乙醚注入盛放动物的玻璃瓶中,然后把盖盖紧,在15~30分钟的时间内,动物多半死亡。如果乙醚的量过少或过早地把动物从瓶中取出,动物就会苏醒。44~49℃的温水可以杀死两栖类。把装有动物的布袋整个放入盛有温水的容器中,等动物死后立刻从袋内取出,否则,时间过久动物即保持死时的姿态而不能舒展。

另外,使用盐酸普鲁卡因数片,每片含药 0.07 g,配成 10％水溶液,在心脏处每体重 1 g 注射 0.05 mL(含药 0.47 mg),注入动物体内可以致死。把两栖类投入药液中,也可达到同样效果。

四、标本的测量

(一)测量用具和用品

体长板用于测量成体各部分长度,其规格和质地与测量鱼类的体长板相同。号签应当是吸收墨汁能力很强的优质纸,亦可由布条或小木牌代替,用墨汁或软铅笔书写。另外,还有记录本、铅笔等。

不同地区的同一物种应当分组保存,并各有相应记录,记录也应分开。每次采集均应有标本编号。

每天在同一地点采到的同一物种可以个体编号,也可以集体编号,但每个标本都应挂标签。同组标本常放在同一容器之内,或者用纱布包裹和其他标本共放在一个大的容器中,绝不可把不同的两组标本混在一起。编号在标本的标签、编号簿和野外记录册上必须一致。编号簿上应有主要记录,记录册上应有测量数据。

在标签纸背面应写上物种的拉丁文名称、雌雄和成幼等。如标签纸较大,也可从野外记录册上摘要记载习性、量度或其他资料。

(二)测量准备工作

将需做标本的动物用清水洗涤干净,系好号签。

(三)测量内容

1. 无尾两栖类的主要测量部位

(1)体长——自吻端至体后端。

(2)头长——自吻端至上、下颌关节后缘。

(3)头宽——左右关节之间的距离。

(4)吻长——自吻端至眼前角。

(5)前臂及手长——自肘关节至第三指末端。

(6)后肢长——自体后端正中部分至第四趾末端。

(7)胫长——胫部两端间的长度。

（8）足长——内趾突至第四趾末端。

2. 有尾两栖类的主要测量部位

（1）体长——自吻端至尾端。

（2）头长——自吻端至颈褶。

（3）头宽——左右颈褶间的距离（或头部最宽处）。

（4）吻长——自吻端至眼前角。

（5）尾长——自肛孔后缘至尾末端。

（6）尾宽——尾基部最宽处。

（四）记录

按两栖类动物的采集情况及数据进行记录。

五、标本的制作

两栖类大多根据外形和内部骨骼特点进行分类检索。因此，在采集和测量记录之后，应制作浸制标本和骨骼标本。现以蛙类为例，说明标本制作过程。

（一）浸制标本制作

1. 用具用品

（1）解剖盘、标本瓶、注射器。用于盛放标本和向标本注射固定液。

（2）福尔马林溶液（甲醛溶液）。用于固定和保存标本。

通常是把整个个体置于液体保存剂中。福尔马林溶液是保存液中最为恰当的一种。一般市售的福尔马林是含37％甲醛气体的水溶液。保存标本时要把买到的福尔马林以100％看待，再加水配成10％溶液使用。龟类必须经常保存在10％福尔马林溶液之中。其他（如蛇、蜥蜴等）两栖动物在经过药液体内注射之后，可保存在5％福尔马林溶液中，但必须在24小时后更换一次新液，最后把蛇和蜥蜴保存在5％福尔马林溶液内。把其他两栖类保存在3％福尔马林溶液内。

福尔马林具有强烈刺激气味，能够引起某些人产生明显的不适反应。福尔马林的衍生物——对甲醛呈固态，便于装运，可随时配成

10％福尔马林溶液应用。没有福尔马林溶液,亦可使用乙醇溶液,所谓纯酒精实际上是 50％乙醇溶液。95％乙醇溶液和 70％乙醇溶液可分别作为爬行类和两栖类的最初保存剂。在标本放进乙醇溶液之后的前几天,必须一再检查动物身上是否有未被浸泡好的区域。浸泡爬行类在 24～48 小时后应更换一次新液,如果把两栖类最初也放在 95％乙醇溶液中,应在 24～48 小时后换入 70％乙醇溶液中。假如连乙醇溶液也没有,可把标本暂时保存在近于饱和的食盐水中(水 1 000 mL,食盐约 80 g)。用乙醇溶液或盐水保存的标本应该及早设法包装寄往目的地,在未寄出之前要不断更换新液,防止标本腐烂。

2. 制作方法步骤

浸制标本的制作方法比较简单,只需经过固定和保存两个步骤。

(1) 固定。将已处死的标本放置在解剖盘上,先向腹内注射适量的 5％～10％福尔马林溶液,再放入盛有 5％～10％福尔马林溶液的标本瓶中进行固定,固定时应将标本的背部朝上,四肢做成生活时的匍匐状态,并将指、趾伸展好。固定时间需数小时至 1 天。

(2) 保存。将标本放入 5％福尔马林溶液或 70％乙醇溶液中浸泡保存。

(二) 骨骼标本制作

1. 用具用品

(1) 解剖刀、解剖剪、镊子。用于剔除软组织。

(2) 玻璃水槽、解剖盘。用于制作过程中盛放标本。

(3) 卡片纸、大头针、胶水。用于对标本进行定形和固定。

(4) 标本台板。用于放置骨骼标本,一般用木板制成。

(5) 0.5％～0.8％氢氧化钠溶液。用于腐蚀标本上的残存肌肉。

(6) 汽油。用于脱掉标本上的脂肪。

(7) 3％过氧化氢。用于漂白标本。

2. 制作方法步骤

骨骼标本的制作方法比较复杂,需要经过剔除软组织、腐蚀、脱脂、漂白、整形和装架等步骤。

(1) 剔除软组织。包括剥皮、去内脏和剔肌肉 3 个内容。剥皮应从腹部开始,用剪刀剖开腹部皮肤,陆续剥向身体各部。在剥皮过程中,注意不要拉断指骨和趾骨。皮肤剥净后,再挖掉内脏和眼球,随后进行剔肉。剔肉时,不要将头骨、肩带和四肢骨的各个关节相连的韧带剔掉,以借助韧带保持各关节的联系。当肌肉基本剔净后,在颈椎和枕骨之间的缝隙中,向颅腔插入适当粗细的铅丝,将脑组织破坏,再将铅丝插入椎骨,将脊髓挤压出来。然后,用水将标本冲洗干净。

(2) 腐蚀。将已剔除软组织的骨骼浸入 $0.5\%\sim0.8\%$ 氢氧化钠中,腐蚀残存的软组织。$1\sim3$ 天后取出,在清水中进行冲洗。此时,骨骼上的软组织已被腐蚀干净。

(3) 脱脂。将经过腐蚀的骨骼,放入汽油中进行脱脂。脱脂时间需 $1\sim2$ 天。

(4) 漂白。将已脱脂的骨骼浸泡在 3% 过氧化氢溶液中,进行漂白。漂白时间需 $1\sim4$ 天,在漂白期间要经常检查,只要标本已经洁白,就要及时取出。

(5) 整形。将已漂白的骨骼平放在木板或泡沫塑料板上,将躯体和四肢按自然姿态整理好,并用卡片纸条和大头针固定在板上,以防止标本在干燥过程中变形。在下颌和胸椎骨下面,要用纸团垫起,使其成生活时头部抬起的状态。还要将两个上肩胛骨附着在第二、第三颈椎横突的两侧,待骨骼干燥后,用胶水黏住,使全副骨骼连成一个整体。

(6) 装架。将上述已整形的骨骼,放在标本台板上,用胶水将前肢的腕骨和后肢的跗骨黏在标本台板上,贴上标签,写明编号、名称、采集时间、采集地点、采集人、制作人,即可保存备用。

六、活动物的照管

(1) 成体和幼体。为观察动物的行为、配对、产卵或颜色变化,在杀死保存之前,常常需要使它们生活一个短暂时期。陆生种类需要一个小水盘和一个供爬行的器具。水生种类可放进带有水草的水缸中,缸中放一块突出水面的岩石,提供它们爬出水面的机会。在数天到1周的短时间内,动物不吃东西可以生活。青蛙和蟾蜍可以喂活的昆虫,有尾类可以喂蚯蚓。

(2)蝌蚪和有尾类早期幼体。可饲养在浅盘中,最初加入原生活处的水,以后只需加入普通用水即可。也可加入水生植物。蝌蚪喂以藻类、水草或嫩菠菜,有尾类幼体喂以生牛肉碎片或蚯蚓小段。当它们进行变态时,需要在饲养盘中安放突出水面的石头或砖块,使它们有可能爬出水面,否则它们将被淹死。

(3)卵两栖类的卵可放置在盛有池水的容器中。孵化出的蝌蚪或幼体需要取出放入另一容器中,如果不进行分离,将会造成拥挤、使卵腐坏。

2.1.3 爬行类标本的采集、制作与保存

一 爬行动物标本的采集

根据武夷山爬行动物的种类,下面介绍蛇类和蜥蜴类两种爬行动物的采集方法。

（一）蛇类的采集

遇地面活动的蛇,可用棍棒先压住蛇身上的任一部位,然后再将棍棒移至蛇颈部,用手紧贴蛇头后部捕捉或直接用蛇叉夹住蛇颈部放入采集袋内。对于水蛇或通过游泳逃逸的陆蛇,可用昆虫网兜捕,一旦兜入,应立即转动网柄以封住网兜的口。将蛇放入容器或布袋时,一般用右手捏住蛇颈,左手拉蛇尾使蛇体尽量伸直以防止其缠绕,然后将蛇尾放入容器中,再立刻松开右手,顺势将蛇头甩入容器中,并迅速盖好容器口。若为布袋,待将蛇尾放进去之后,可用刚腾出来的左手隔着布袋捏住蛇颈,然后再松开右手。

（二）蜥蜴类的采集

(1)扑打法。发现蜥蜴时,用柔软的树枝迅速扑打蜥蜴的头部或体躯,使其暂时受震不能活动,然后放入蛙袋中。一般选择带叶枝条扑打,其面积大,易于打中,又不易损坏鳞片或体躯。也可用小网直接扣捕。

（2）活套法。用末端系活套的木棍或鱼竿伸向蜥蜴,将活套套入其头部,立即提起拉回。主要适用于捕捉树上或地面活动的种类。

（3）陷阱法。对于隐藏于洞穴的蜥蜴,可以在其洞口挖一小坑,待其出入时掉入该坑中后迅速捕捉。

（4）徒手法。寻找壁虎类、脸虎类,可在夜间借助手电筒直接手捕。对于无毒蜥蜴,只要方便,均可直接徒手捕捉。

（5）诱钓法。对于栖于石缝中、用手和其他工具难以捕捉的种类(如壁虎类),可采用1 m左右长的线,一端系上昆虫,并不时抖动诱饵,利用其咬住诱饵不放的特点进行钓捕。

（6）网捕法。直接用采集网扣捕地面活动的蜥蜴类。

二、爬行动物标本制作及保存

根据爬行动物不同种类、不同体型大小等情况,以及采集者的目的和条件,对于爬行动物可以选择不同的标本制作和保存方法。下面主要介绍浸制法、剥制法和石蜡法。

（一）浸制法

根据标本的体型大小不同,可以采取如下两种浸制法。

（1）50%～80%乙醇溶液浸制法。对于小型爬行动物,可先向动物体内注射乙醇防腐,然后浸泡。对于体型较大的种类,可沿腹部中央纵开一口,让浸液进入,使内脏器官也浸泡在乙醇溶液里,经浓度逐级提高的50%～80%乙醇溶液固定,然后保存于80%的乙醇溶液中。如在实习地点购买不到乙醇,也可用普通白酒浸制。白酒只要是可点燃的度数,就可保存标本不致腐烂。用酒精浸制标本费用较高,故不适用于大型动物的保存。

（2）7%～8%甲醛溶液浸制法。首先将捕捉到的动物(尤其是蛇类)用乙醚或氯仿麻醉,再用7%～8%甲醛溶液从后侧腹部分数处斜向注入体内,即可将动物杀死,又可使内脏不腐败。待杀死后,用水洗涤体上的污物,再盘曲整形固定在下板上,或直接装入容器内供作食性分析及性腺发育等的检查。若长期保存,需先用20%甲醛溶液浸制,然后浸于7%～8%甲醛溶液中。龟鳖类可以从泄殖腔注入麻醉剂,待麻醉后将头和四肢拉出,向体腔内注入甲醛溶液杀死,然后固定性状,并保存于甲醛浸液中。

（二）剥制法

对于蛇类等,可制成剥制标本保存。具体过程如下。

（1）麻醉。用乙醚或氯仿在密闭容器中进行麻醉处理。

（2）剥制。离头部 3 cm 处、沿腹中纵向剪 5～10 cm 的开口,从上切口处分离皮与肉,剪断脊柱,再小心地把皮外翻,一直剥至尾端,然后将头部皮肤剥至吻部边缘,剔除所剩脊柱及头中的肌肉,去眼球及脑组织。在操作过程中,应谨防皮被撕裂及鳞片脱落,当剥至肛孔时应保留一定长度的肠,对于腹内有卵的蛇,剥至腹部时,应将卵逐个挤出。如果是毒蛇,应防止被毒牙刺着或毒液沾到新鲜伤口,可用纱布包住头部,慢慢剥离头部皮肤。

（3）防腐。涂抹砒霜膏或其他防腐药品于皮肤内表面及骨骼处。颅腔内填装涂有防腐剂的棉花,头部凡剔除肌肉处,均填装一定量的棉花,并将头部皮筒翻回。

（4）填装。选择适当粗细的铁丝,其长度可稍长于蛇体 10 cm 左右、缠上棉花,并用细线捆绑固定。粗细长短与所测量的蛇体相等,将做好的假体从尾尖开始,小心地内翻皮筒至切口处,将假体另一端固定于脊椎与头骨上,在脊椎四周填入适量的棉花,使头体粗细适当并与假体吻合。

（三）石蜡法

石蜡法是新兴的现代标本制作方法之一,适应于小型爬行类动物标本制作。

（1）将要制作的动物用铁丝固定成想要制作的姿态,装上义眼,并在腹部填塞陶土以防止皮张收缩。尤其要注意比较坚硬且难以渗透液体的皮肤,要用细针扎足够多的孔,尾巴可以在底部切开。用细针扎孔的目的在于可以让石蜡充分渗入。

（2）将要制作的动物放入 4% 福尔马林溶液中浸泡过夜并加以固定。在市面上可以购买到的福尔马林溶液通常浓度为 40%,因此,可以按 1 份福尔马林溶液对 9 份水的比例进行混合配制,在使用福尔马林溶液时一定要注意保护眼睛。

（3）如果动物本身较软，则要先以 50％浓度的乙醇溶液进行脱水处理。稍硬的动物则可以从 60％或 70％浓度的乙醇溶液开始，70％浓度尤其适用于在乙醇溶液中浸泡保存的老标本。对于这些标本，可以很好地用石蜡制作法制作，效果也非常好。

（4）如果从 50％浓度的乙醇溶液开始处理，在第二天必须把浓度提升到 60％，在第三天将浓度提升到 70％。在 70％的浓度下，可以让动物保存数天，然后再提升至 80％的浓度。这个过程主要取决于动物本身的体积以及软硬的程度，这个过程不宜过快。要让动物在每种浓度的溶液中都保持足够长的时间，然后再进入下一个浓度阶段，在 80％的浓度之后，提升浓度至 90％，然后再是 95％的浓度。

（5）由于融化了的石蜡无法与乙醇混合，因此，在 95％的乙醇溶液处理后，要将溶液更换为丙醇或异丙醇，并保持浸泡数天，以使组织中的乙醇完全被纯丙醇所替代。

（6）在金属容器内加入丙醇和石蜡的混合溶液，然后将动物放入，保证液面浸没过动物，丙醇与石蜡的比例为 1∶1，并将其放置在实验室保温箱里，控制温度在 70℃。一开始只需将动物放入液态丙醇和固态石蜡的容器中，保证液面超过动物本身即可。石蜡没有固定熔点，一般熔点为 49～51℃，固态的石蜡随着温度上升会慢慢融化。待石蜡融化后，需再保持这种状态 2 天，即保持混合溶液在 70℃的环境里。随后将溶液更换为纯石蜡溶液，纯石蜡需先加热，待融化后进行更换。更换时需注意，先将纯石蜡融化，然后等待冷却片刻，这样可以保证在倒入装有动物的容器时不会太烫，液面须保证超过动物以完全浸没。

（7）让动物在这种纯石蜡溶液中浸泡 2 天，其间必须保持 70℃。随后取出动物，稍稍沥干，然后放入冷水中冷却。

（8）冷却后，如果皮肤表面呈白色，则表明有残留石蜡，只要用电吹风融化表面的石蜡即可。

2.1.4　鸟类标本的制作与保存

鸟类羽毛颜色、外形体态是物种鉴定的主要依据。为了鸟类标本保存方便,往往将皮肤和羽毛一起剥下,经过一定工艺制作成剥制标本。根据不同要求,剥制标本有两种类型:真剥制标本和假剥制标本。前者通过铁丝支撑和棉花等物充填,体现生活的姿态;后者是研究标本,按统一规格剥制。标本制作是一项细致的工作,应耐心地按照程序操作。鸟类剥制标本的材料,一般选用新鲜、外部完好无损的成鸟制作成真剥制标本,可以陈列。以下主要介绍假剥制标本的制作方法。

一、剥制前材料准备

用粗细与鸟类大小相称(如 16 号或 18 号)的细铁丝制作支架,用竹丝、海绵或棉花等作为充填物,还要准备防腐剂(如砒霜、石膏粉、肥皂等)、解剖器、缝合用针线、义眼、固定底座等。

二、剥制前测量记录

科研及教学用标本在剥制前应进行测量,测量内容主要为体重、体长、翅长、尾长、跗跖长、性别等。

三、剥制过程

将鸟体横卧于桌上,头部向左,右手持解剖刀分开胸部中央的羽毛,然后沿着胸部前端正中,至胸部龙骨突中央后缘,由前而后地把皮肤正直地剖开一段,并将刀口向上,沿皮肤剖开处向颈部后端方向挑割少许(使皮肤开口稍大些),至颈项后端显露为止。再用左手持起已剖开的皮肤边缘,右手持解剖刀,把皮肤与肌肉之间的结缔组织边剖割边剥离,渐渐地剥至胸部两侧腋下。在进行剥皮时,需经常撒一些石膏粉于皮肤内侧和肌肉上,以防止羽毛被肉体上的血液和脂肪所沾污。用左手的拇指与食指压住靠近颈项两侧所剖开的皮肤边缘。其余三指将头向上托,使颈项伸出,再以左手拇指、食指把颈项肌肉捏住,或用镊子将颈项夹起,右手则持剪刀在颈项基部(靠近前胸位置)剪断,用左手把连在头部的颈项向头部方向拉回(必须注意在剪断颈项时暂勿将气管与食道剪断,以免污物流出而沾污羽毛,同时避免剪破颈背的皮肤)。

用右手把连接躯体的颈项拿起,将鸟体翻转,使背部朝上,尾部向左。如为大型鸟类,则可将其颈项挂在适当高度的金属钩上进行剥皮。然后,以左手把头和颈部翻向背上,并压住已剖开的颈部皮肤边缘,使背和两肩露出,此时用剪刀在颈的基部处将气管与食管剪断。继续用解剖刀在肩部与肱部附近的皮肤和肌肉之间进行剖割,逐渐使其分离。再用剪刀在肱部中间剪断。剪时需注意两腋下的皮肤,避免剪破。

　　然后,继续向体背、腰部方向剥离。当剥至腰部时,因为一般鸟类的腰部皮肤都比较薄,而且腰部羽毛的羽轴根大都着生于腰部荐骨上,所以不能用力强拉,必须细心地用解剖刀紧贴于腰骨上,慢慢地割离。尤其对于红头咬鹃和鸠鸽科的种类,更要小心谨慎,否则其腰部的皮肤极易破裂。

　　在背部、腰部皮肤逐渐剥离的同时,腹面也必须相应地向腹部方向剥离,此时腹与两腿显露。接着将两腿的皮肤剥至胫部与跗跖之间的关节处。隼形目和鸮形目等种类可以剥至遗跗跖部的大部分,鹭科与鹤科等种类则只能剥至胫部的一半位置。再用剪刀插入胫部肌肉使其紧贴于颈骨上,向股部方向挑剔,把附在胫骨上的肌肉割离剔净,并在股骨与胫骨之间的关节处将骨剪断,胫部上的肌肉则在胫跗关节间剪断、剔净。

　　然后,再向尾部方向剥离。当尾的腹面剥至泄殖孔时用刀把直肠基部割断,并向后剥至尾基。当尾部背面剥至尾脂腺显露时,须用刀将尾脂腺切除干净。此时,用剪刀在尾综骨末端剪断,剪断后的尾部内侧皮肤呈“V”形。由于在剪断尾综骨时,容易剪断尾羽的羽轴根,造成尾羽脱落,因此必须引起注意。这时,躯体肌肉与皮肤已经脱离,立即将剥下的躯体腹部右侧(腹面观)剖开,检查生殖器官,辨认性别,以免遗忘。

　　某些鸟类雌雄异色,其性别可以根据外部形态特征的不同来区别,如鸡形目和雁形目等种类。但是,也有许多鸟类雌雄同色,无法从外部形态特征来区别,因此需要剖开腹腔,检查其两性的生殖腺来确定。雌性在肾脏左侧有一个形状不规则的卵巢,有大小不同的圆形粒状体,即为不同发育阶段的卵,生殖期间特别发达。雄性在肾脏前部可见到一对乳白色或赤褐色呈椭圆形的睾丸(精巢),生殖期间特别发达。在性别确定后,将性别记录下来,把标签系在标本的脚上。

随后,进行翼部皮肤的剥离。首先将肱部皮肤拉出,右手执持肱部,左手将皮肤渐渐剥离。当剥至尺骨时,因翼部飞羽轴根牢固地着生在尺骨上,比较难剥,可用拇指指甲紧贴着飞羽轴,要将翼部皮肤刮下,并将皮肤与尺骨分离,否则极易拉破皮肤,甚至使翼羽脱落。当剥至尺骨与腕骨关节之间时,把桡骨、肱骨和附在尺骨上的肌肉全部清除干净后留下尺骨。

必须注意,如果要制作飞行标本(即将两翼张开),就不能用上述方法进行剥离,可从翼下剖开,并去除肌肉、不能割离生于尺骨上的飞羽轴根,同时保留附着的肱骨和尺骨、桡骨。不然所制成的飞行标本,其着生在尺骨上的飞羽会向下垂,以致无法使飞羽张开。

两翼剥离后,就可进行头部的剥离。头部的剥离以剥至喙的基部为止。先将气管与食道拉出,右手持颈项,左手以拇指、食指把皮肤渐渐向头部方向剥离。当剥至枕部,两侧出现不明显的呈灰褐色的耳道时,即用解剖刀紧靠耳道基部将其割断,或用手指捏紧耳道基部将它拉出。

继续向前剥去,在头部两侧出现的暗黑部分,即为两眼球。用解剖刀把眼睑边缘的薄膜割开(切勿割破眼睑和眼球,否则不仅眼球流出的污液会沾污头部羽毛,而且由于眼睑破损的痕迹会影响标本的美观)。然后,用镊子将眼球取出,并用剪刀把上下颌及其附近的肌肉剔除干净。在枕孔周围剪开脑颅腔,使枕骨稍为扩大些后,用镊子夹住脑膜取出,并用一团棉花把脑颅拂拭干净。

某些鸟类,如大部分雁形目种类(如啄木鸟等),由于头大颈细,两者尺寸相差很大,按上述方法无法将头剥离。应先将颈椎剪断,并在后头和前颈背中央直线剖开。割线的长短视鸟头的大小而定,但一般以能将头部和颈翻出为度。然后,按上述方法进行剥离,切勿强行剥下,不然颈部的皮肤极易破裂,头部的羽毛也易脱落。

必须注意,一般应尽量避免剖开头部,以免缝合手术。例如,白眉鸭和乌鸦等种类在剥离头部时,虽然也感到很紧,但只要小心些,不要用力过猛,还是可以剥得下去,并且也不会使羽毛脱落,既省时又美观。对于头部具肉质冠的种类,应在肉质冠后侧剖开。

在鸟体剥好以后,应将附在皮肤内侧上的残脂碎肉清除干净,同时把剥皮过程中所用的石膏粉用刷子刷去。对于体形较大的鸟类(如鹭、鹤和天鹅等),还应抽去脚腱。抽腱的方法是用刀把脚底皮肤剖开少许,再用圆锥或镊子伸至脚跟内,立即将腱抽出,并用剪刀在靠近脚底处剪断即成。

四、防腐处理

(1)防腐剂的配制。称取亚砷酸 100 g、樟脑粉 20 g、甘油 10 mL、肥皂片 70 g。把肥皂削成薄片加适量水,放在微火上煮化,搅拌溶解。待冷却后加入亚砷酸、樟脑粉及甘油,搅匀成糊状即可。

(2)涂防腐药。用毛笔蘸上防腐剂,涂抹于所有留下的骨骼及鸟皮的内面。所用的防腐剂毒性大,用时须特别小心。

五、填装

用棉花搓成与眼窝大小相当的小球塞入眼窝,四肢也用棉花缠于骨上并使复原形。取一根长度自脑颅腔至尾基部的竹签,前端卷些棉花并插入颅腔中。用手捏住喙尖,慢慢将头部翻出。将竹签的后端削尖,插入尾基。然后,以一层薄棉铺在竹签下,并用棉花从颈至腹部依次填塞,使鸟体的形状恢复原有状态。

六、缝合及整形

用小针和棉线将切口处皮肤缝合。缝时针先从皮内穿出,再由对侧皮内向外穿出。缝好后打结,将腹面羽毛理顺并盖住缝线,将双翅紧贴躯体。用刷子将羽刷净,再用镊子将羽毛调顺,两脚交叉摆放平整。最后,用一层薄棉将整个标本裹起来固定,待标本干后取下棉花。假剥制标本做好后,体形呈背面平直,胸部丰满,颈部稍短,脚趾舒展。

七、挂标签

标本做好后,将注有鸟名、采集日期及地点以及测量数据的标签挂在后肢上。

§2.2 动物生态资料的收集

2.2.1 两栖类生态学数据的收集

一、栖息环境

收集两栖类栖息地的地形、海拔、水域的特征(如流水或静水、缓流或湍流、大小、深浅、颜色、朝阳或背阴、透明度及内含水生生物或有机物的状况、水的酸碱度、水温及气温等),同时还要了解周围的植被及其他动物的情况。

二、活动规律

两栖类的生活主要受到水源、温度和湿度等影响。因此,两栖类的活动规律表现出季节和昼夜变化,这些周期性的活动规律与环境条件的周期性变化有关。可对两栖类成体、蝌蚪在不同温度、湿度条件下的活动时间、地点等进行观察和记录,了解不同种类以及同种不同年龄、性别的个体在各种环境条件下的活动规律。

(一)季节性活动

野外采集两栖类必须了解其季节性活动规律。两栖类不能经受严寒,在 1~8℃ 的温度下,便陷入麻痹状态,在 −2℃ 时就会死亡。两栖类由于身体裸露,不能防止水分蒸发,也不能适应干燥性气候。当失水量超过体重的 1/4 时,便会死亡。总的来说,夏季是两栖类繁殖、觅食、活动的好时机。当天气渐冷,两栖类进入冬眠。不同地区、不同种类的两栖动物冬眠时间不同,冬眠的地点也各异。

(二)昼夜活动

无尾两栖类大多为夜间活动,白天匿居于隐蔽处,躲避炎热的天气。有尾两栖类一般在夜间活动。

(三)鸣叫

蛙类鸣叫是了解蛙生活环境和活动规律的一种方法,也可初步统计调查区域蛙的种类和雄蛙的数量。录制的鸣叫声可做声谱的比较分析。

三、食性分析

两栖类以昆虫为主食,但在不同地区、不同生境、不同季节,食物会有不同,有时差异还很大。不同种类或同种个体大小不同,其食物也有所不同。

两栖类食性的研究一般是从出蛰到冬眠的各月。采集两栖类,对它们剖胃,统计其食物的种类、数量以及各种食物在胃内出现的频次数。把结果按季节、环境、个体大小等规律加以统计分类,可以得到所需要的各种数据。食物种类百分比和频次百分比可以按以下两个公式计算:

食物种类百分比 = 该类食物数量 / 各类食物的总数 × 100%;

频次百分比 = 该类食物在胃中出现的频次 / 解剖的胃数 × 100%。

四、繁殖习性

(一)雌雄鉴别

两栖类在外形上两性并无明显的差别,在繁殖季节雄性性征的发育会有别于雌体。例如,峨眉角蟾雄性第一、第二指婚垫上着生有角质刺;沼蛙雄性体前肢有明显的肱腺;棘胸蛙雄性个体明显比雌性粗壮,其胸部有小而密集的刺;泽蛙雄性较小,有鸣囊,喉部有黑赤褐色带。

(二)繁殖

两栖类一般在气候温和转暖的季节开始繁殖。产卵与温度密切相关,不同种类对产卵的温度要求有所不同。两栖类产卵离不开水,在气候干燥、周围长期缺水的情况下无法产卵。许多蛙集中在雨后一两天的积水处产卵。

无尾类在发育过程中需经变态,其幼体为蝌蚪。变态过程与环境温度、营养条件密切相关。一般来说,在环境温度适宜、营养条件良好的情况下,变态所需的时间缩短。通过采集两栖类的卵并进行孵化,可以计算出受精率和孵化率。

五、数量统计

对两栖类进行数量统计,应根据不同种类、不同环境和不同时期,采用不同的统计方法。

常用路线统计法,操作如下:在非繁殖期,两栖类多分散活动,可选择典型生活环境(如有水塘的公路两旁、山间溪沟等),沿一定的方向、以一定的速度行走,仔细观察,记录遇到的所有调查对象的种类和数量,以只/小时为单位或以只/距离为单位。在杂草丛中不易观察,可用小竹竿打草驱赶,以便使蛙受惊跳出。另外,沿路也可搬动石块或倒木,检查生活在下面的两栖类。由于两栖类昼夜活动强度各不相同,统计工作应在上午、中午、傍晚和晚上重复进行。最后,得到的数字即为该地区两栖类昼夜活动的相对数量。样带的宽度和长度可根据环境特点和参加调查的人数来确定。

此外,还有固定水域抱配对数统计法(用于繁殖期)和捕尽法。

2.2.2 爬行类生态学数据的收集

一、活动规律

爬行类的活动规律表现为明显的昼夜、季节等周期性,常受环境因素的影响,特别是温度和光照的影响最为明显。因此,在研究爬行类的活动规律时,除了对爬行动物本身进行定时、定点的观察和数量统计外,还必须详细测量和记录生境内的气温、地温、洞穴温、光照强度和动物体温。天气变化常影响爬行动物的活动,可以选择在晴天、阴天、刮风、下雨等不同的天气条件下观察爬行类的活动。

由于气候条件的变化,爬行类在不同季节有不同的活动规律,可以按月份或农历的节气,分别进行观察活动。每次观察活动3天左右,进行全日数量统计。绘出季节活动曲线图,结合当地季节气温变化进行分析,从而了解爬行类的季节活动与温度变化的关系。最好分散在春、夏、秋3季进行观察研究,冬季爬行类进入冬眠,无法进行。

二、食性分析

对爬行类的食物进行分析,可以作为评价该种动物益害的主要依据之一,还可以作为人工饲养该种动物饲料搭配的参考。不同的爬行类有不同的食物来源。例如,壁虎类以蚊、蝇、蛾等为主食;蜥蜴以直翅目、鞘翅目等昆虫为主食;蛇类以昆虫、鱼、蛙、蜥蜴、鸟、鼠等为食;龟鳖以软体动物、甲壳动物、鱼、蛙等为主食。

食性分析的研究方法有剖胃法、挤胃法、排泄物收集法和饲喂法。根据食物种类和数量的统计结果,还要进行食物种类和数量占总量百分比的计算。由于爬行类的食物组成常随季节变化,因此,按月或按季进行食性研究,有利于了解爬行类的食物全貌。

三、繁殖习性

爬行类是体内受精、陆地上产卵的动物,少数在体内发育成幼仔产出。卵外有钙质硬壳或革质软膜,产于在土窝或洞穴内。

(一)雌雄识别

大多数爬行类两性个体在外形上没有明显区别,细心观察可以从体色、体形、鳞片、四肢、各部比例上找到差异。例如,红点锦蛇和蝮蛇的雌性个体较雄性为粗,尾较雄性短。蜥蜴中的雄性在繁殖季节出现第二性征,如雄性蓝尾石龙子腹侧及肛区漫散着紫红色小点,而雌性腹面为青白色。实在不好区别的蛇类和蜥蜴,可用手挤压泄殖腔,可见到1~2个交配器从泄殖腔孔伸出,即为雄性,否则可定为雌性;用力挤压雄龟的头和脚,可从泄殖腔孔看到棍棒状的交配器。

(二)产卵与孵化

爬行类多数为卵生,少数为卵胎生。观察和记录其产卵的时间、地点、环境、巢穴状况,以及卵的形状、色泽、大小、数目、重量、壳膜等特性。

爬行类卵的孵化靠自然温度和湿度。进行人工孵化,可以详细记录孵化的全过程,对于出壳幼体还可进行测量体长、称量体重的数量统计工作。

四、数量统计

常用的方法有路线统计法、样方统计法、标志重捕法等。以路线统计法和样方统计法的使用较为方便。

　　爬行类在繁殖季节数量相对集中,因此,在春季交配时期对蜥蜴、蛇和龟鳖类进行数量统计最好。进行数量统计时,对于昼间活动种类应在白天进行统计,夜间活动的种类必须借助照明用具在夜晚进行。统计地区和方法的选择,应根据不同的研究目的来确定。如为了调查爬行类的生态分布,应选择几个不同生境,分别进行统计。在进行昼夜或季节周期研究时,则应在同一生境分期重复进行统计。根据统计地区的地形条件,可选用样方统计法(如开阔地区)或路线样带统计法。样带的宽度和长度可根据人力及环境特点来确定,以每 100 m^2 或 1 000 m^2 的遇见频次来表示。进行生态分布数量统计时,数量级的划分要根据调查动物的种类和数量来确定。一般分为三级或四级:每平方千米出现 1 000 只以上定为最丰富(＋＋＋);100～1 000 只定为丰富(＋＋);10～100 只定为一般(＋);10 只以下定为稀少。

2.2.3　鸟类生态学数据的收集

 一、生境描述

　　对鸟类生境的描述主要是记录植被类型。植被类型是反映自然景观的独特因素,又是地形、气候、水文和土壤等综合作用的结果。植被的主要类型包括:

　　(1) 针叶林。以针叶树(如松、杉等)为主要建群树的林型。

　　(2) 阔叶林。以阔叶树种占优势的林型。

　　(3) 针阔混交林。针叶、阔叶树种以一定比例相混杂的林型。

　　(4) 灌木林。林中树的胸径较小,以灌木占绝对优势的林型。

　　(5) 荒草坡。树木被砍伐后,草本植物较为发达。

　　(6) 农田。农田包括两种类型,适于水稻种植的水田和用于种植其他经济作物(如土豆)的旱耕地。

　　(7) 果园。人工种植的经济果树。

　　(8) 水域。包括湖泊、池塘、河流等。

　　(9) 居民点。以人类建筑物为主要景观的区域。

　　在进行鸟类生境描述时,应记录如下各项:地形怎样? 植被怎样？属哪种植被类型？植物组成、植物高度怎样？鸟类喜栖哪种植物？栖息位置怎样？栖息地的温度等气候条件怎样？郁闭度是多少？距水源多远？每天喝水次数怎样？

二、活动规律

鸟类活动有其一定的规律。每年的活动规律观察内容包括鸟的季节类型，以及候鸟每年迁来和迁走的时间、单独迁徙还是混合群迁徙等。每天的活动规律观察应注意栖息地点，以及停息、起飞、飞翔、落地、行走及其他活动的姿态，如鼓羽飞行、翱翔、攀缘、游泳、潜水等，以及受惊后的反应、飞出距离、飞行高度、飞往何处、是否有返回原栖息地的现象。还要观察早上开始及晚上停止活动的时间，一天内活动的高潮、活动的距离和范围，单独、成对还是成群活动，飞出与归时鸟的行为变化，夜宿情况等。

鸟类的活动受光照条件的影响较大。在一天的不同时间段，鸟类表现出不同的活动性。研究鸟类的活动规律，观察记录的内容一般包括：

（1）使用照度计，记录鸟类早上开始觉醒及晚上停止活动的亮度和时间。对夜间活动的鸟类，则为晚出早归的时间。

（2）记录夜宿地的环境、雌雄夜宿情况、一年中不同时期夜宿地的变化。

（3）选择固定的路线，每隔1～2小时对某种鸟类进行固定的数量统计（即全天跟踪调查），可以看出该种鸟的活动高峰及其与光照、温度、食物等因子的关系。

（4）鸟类活动的距离及范围。

（5）飞出及归来鸟的行为，如飞翔姿态、飞行高度、栖止姿态、落在树上的位置（如顶层、中层、下层等）、受惊后的反应等。在晚上观察鸟类的活动可用夜视仪进行。

（6）各种鸟类早晨开始鸣叫的时间和先后次序。听鸟鸣是早晨观鸟的一项重要内容，记录鸟鸣最简单的方法是在听清音节的长短高低后用拼音记录下来。若用录音机或数码录音笔等工具记录，还可进行声谱分析。

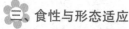 三、食性与形态适应

（一）直接观察法

用肉眼或望远镜直接看鸟类吃的食物，常不易看清，因此，这种方法只能作为对食性研究的一项辅助办法。观察时要记录鸟类的活动地点、活动规律和觅食情况。

（二）胃容物检查法

将采到的鸟的胃和嗉囊取出，称重后剖开，捡出内容物再称重，与前者重量相减，可以得出食物重量。然后，对胃容物进行分类和计数统计。为了鉴定得更准确，需在当地采些与胃内容物近似的昆虫和植物标本，以供鉴定和对比参考。昆虫幼虫水分多，易引起误差，可先将胃容物分类称量，烘干，再用天平称量各类食物的干重，此法称干重测定法。

（三）食物残块检查法

对一些食肉鸟类和食鱼鸟类，每天定时在巢内外收集食物残块和吐出的食物残团，以了解它们的食物成分。

（四）灌水反吐法

捉到有些水鸟后，将水从嘴里灌入消化道，然后把鸟倒挂，压迫胸、腹及颈基部，使其吐出所吃食物。将吐出的食物盛放在容器里，当食物沉淀后，倒去上层水分，加适量的 10% 福尔马林溶液，带回实验室观察分析，取完食物后还可以进行鸟体测量、鉴定及环志，最后将鸟放回大自然中。

（五）雏鸟扎颈法

用细绳将雏鸟颈部扎住，松紧度以雏鸟不致将食物吞下为度。切勿扎得太紧，以免把雏鸟勒死。扎颈后在附近隐蔽处观察亲鸟的喂雏次数及时间，1 小时后用镊子将雏鸟口中的食物以及落入巢内和巢旁的食物取出，装入瓶内，然后解开绳结，另喂食物，以防雏鸟饿死。一般可将巢内雏鸟分组轮流扎颈，以获得较多的食物样品。为了细致地研究雏鸟食性，在幼雏孵出后应尽早扎颈，并逐日收集

样品。

不同的鸟类食性不尽相同,其取食地点、取食时间、捕食方式、行为以及嘴和腿的形态适应也不同。例如,肉食猛禽,嘴、爪成钩状;食鱼水禽,嘴扁有锯齿;捕食飞虫的燕和夜鹰等,嘴须发达。对鸟类食性的观察应记录:①取食地点;②取食时间;③取食方式,这与鸟的形态适应有关;④取食范围;⑤取食种类和数量,除直接观察外,主要可通过食性分析来了解;⑥天气(阴、晴、雨、雪)等对取食各方面的影响。

四、繁殖习性

鸟类的繁殖期是其生活史中的一个重要阶段。大多数鸟类在春夏季节繁殖,繁殖期的鸟不仅形态会发生一些变化,还会依次出现占区、筑巢、孵化、育雏等一系列复杂行为。

(一)占区和筑巢

观察占区时,要记录雄鸟和雌鸟飞来的日期、活动的地点,测量相邻鸟巢之间的距离,记录生境内其他种繁殖鸟类,利用 GPS 等绘制生境图,用不同符号表示周围的林型、河流、道路和农田等。

测定巢区时,观察记录雄鸟自清晨起的活动路线,并按比例在地图上以直线画出。连续追踪并标记雄鸟的取食、活动和驱逐入侵鸟类等所行经的地点,将地图上记录的最频繁活动的各个点线远端连线,即可估算出巢区面积。

熟悉鸟类的营巢习性。雄鸟在巢区以鸣叫来吸引雌鸟,还用羽色炫耀及不同形式的姿态向雌鸟"求爱",刺激雌鸟发情。鸟类求偶的行为是多种多样的。一般雌鸟答应,说明求偶成功、形成配偶。求偶行为观察包括:①求偶的性别;②求偶开始、高潮和终始阶段的表现;③配偶如何形成,形成配偶后的行为;④配偶保持时间,在生殖期中配偶关系的变化等。

多数鸟类在巢区终日鸣叫,可根据鸣声找巢;寻找树洞中有无鸟巢时,可用力敲打树干使亲鸟受惊飞出。寻找地面巢比较困难,如果人多,可以排成横列前进搜索。

当发现鸟巢或鸟卵之后,绝对不能轻率地把巢拿走,应当做到以下 3 点:一是必须判断巢主是谁,因为不知道种类的巢是毫无意义的,如果亲鸟不在,要隐藏起来耐心等待观察,必要时张网捕获识别或使用监测仪记录。二是必须检查卵数是否已经产足,若未满窝,第二天再来检查,直至满窝为止。三是必须对巢进行测量或摄影。应注意切勿随便移动巢卵或惊动亲鸟,以免亲鸟因受惊而将巢放弃。

采集鸟巢之前,先要观察周围的环境,记录采集时间、地点、生境、巢的位置及巢材等,并测量巢距地面的高度及巢高、巢深、巢的内外径。采集鸟卵时要特别小心,每一枚卵都要包上棉花。卵的测量包括卵的数目、卵重、色泽、形状及孵化程度。

(二)育雏活动和雏鸟发育

研究雏鸟的生长发育以日龄为单位,出壳日为零天。要记录出壳后所有过程,如什么时间出壳、是否同时出壳等。最好在每天早晨逐一称量体重,测量体长、嘴峰、翅长、跗跖、尾长及飞羽的长度,观察羽毛生长的情况及雏鸟的活动和行为,还可用半导体点温计每天测量记录雏鸟的体温变化。把雏鸟取出巢外,待各项测量完毕后,再测量其体温,以了解其体温调节机制逐步完善的过程。观察不同日龄雏鸟的形态变化,要用同一窝雏鸟,同时要加以标志,标尺要统一以便于比较。当雏鸟长成以后,要观察雏鸟离巢时亲鸟的行为,记录雏鸟离巢的时间,夜间在何处归宿,亲鸟是否继续喂食,亲鸟和雏鸟在一起生活多少天,等等。记录亲鸟育雏喂食频率可使用数码记录仪。

五、数量统计

鸟类的数量统计能帮助我们进一步分析动物区系的特征。鸟类生态学如缺少数量统计的资料,将无法研究种群特性、种群密度和数量波动等问题,也难于探讨鸟类在生物群落和生态系统中所处的位置及所起的作用。在实践中,估算鸟类的经济价值,评价农林业鸟类益害的大小,在保持生态平衡中的作用,以及保护和挽救濒临灭绝的珍稀鸟类,均需有相对甚至准确的数量资料。因此,在野外调查工作中,进行鸟类的数量统计是一项不可忽视的重要内容。常用的鸟类数量统计方法有样方统计法和路线统计法两种。

（一）样方统计法

在鸟类的繁殖季节采用此法比较适宜。这一时期大多数鸟类均成对生活，进行鸟巢的统计可求出当地鸟类的准确数量。选择有代表性的地段，在一定的面积内进行重复统计，如隔天或隔周进行1次。面积的大小通常以 10 000 m² 为单位。如果林木稠密，鸟巢也多，可以把面积缩小到1/4的面积进行数量统计。逐一搜索和记录各分段面积内所有鸟巢并记录鸟类的种类、数量和位置等，就可以计算出这一样方内鸟类的数量。在同一生境要选择三四块样地进行统计，将其结果求出平均值，再推算出这一垂直带或生境中鸟类的数量。在进行样方统计时，应绘出该样方内的生境配置图和鸟巢分布位置（用不同符号表示）。图上要大致按比例绘出针叶、阔叶树等主要植被，还要画出该生境的主要部分，如公路、小道、建筑物和河流等。

（二）路线统计法

路线统计法是一种最常用的数量统计方法。在实习或考察地区先经过一段区系调查，在熟悉当地鸟类种类的组成、活动规律和鸟类鸣叫声音之后，可在该地区选择几种不同生境，并择取具有代表性的地段和路线进行统计，统计时要注意以下事项：统计的时间要在鸟类活动最强的时刻进行，这样所得数值会比较接近于当地鸟类的实际数量；鸟类一般多在日出后和日落前的 2～3 小时活动，故此时进行数量统计最为合宜。

为求得统计的数值更加准确，尽量选择晴朗、温暖、无风的天气进行统计，统计时要带上铅笔、望远镜、计时器（手表或怀表）。统计时行走的速度以每小时 1～3 km 为宜（可依研究目的及对象而异）；统计过程中速度要均匀，不要停留，以避免某些鸟类往返飞翔而影响统计效果。将遇到的鸟类填入调查表中。统计时一般只记下见到或听到的左右两侧 25 m 的鸟类，由前向后飞的鸟类也要统计在内，但由后向前飞的鸟类，为了避免重复记录，则不必记入。在繁殖季节，对同一线路需重复统计 3～4 次。

2.2.4 哺乳类的数量统计

一、绝对数量统计

常用的路线统计法是在大面积对大中型哺乳动物进行数量调查的最基本方法。在调查区域内,随机选取调查路线统计动物的数量。可以按照预定的路线行走,观察两侧一定范围内(又称样带宽度)遇到的动物,并记录动物距路线的垂直距离(可以使用激光测距仪)。如果有的动物难以测量垂直距离,可以根据测量调查者与动物的距离和与调查路线的夹角,按照三角公式计算垂直距离;也可以记住动物的位置(多采用树干等明显的自然标志),而后测定垂直距离。近年来使用曲线拟合方法计算动物的发现函数,能够很好地解决动物密度计算问题,并且可以使用专业软件 Distance(有 DOS 版本和 Windows 版本)。

二、相对数量统计法

在野外实习中经常使用的相对数量统计法有铗日法和活动痕迹计数法两种。

(1) 铗日法

铗日法属于捕获法的一种,一般常用于鼠类的密度统计。将一定数量的鼠铗放置一昼(或一夜),统计其捕获的动物数量,从而估计动物的相对多少(相对数量或密度)。野外工作程序如下:选择样地→检查鼠铗→准备诱饵→布铗→检鼠→统计结果。在草地、农田、山坡、林地布铗,一般放置 100～300 个鼠铗,铗距约 5 m。布铗用的诱饵可以因地制宜,根据对象动物的特点选择诱饵。例如,统计鼠类数量可以用鼠类喜欢的食物,如花生米、甘薯块等;也可以用棉球蘸芝麻油作诱饵,因香气浓烈诱鼠效果较好;缺水环境采用多汁诱饵要比干的食物好。铗日法获得的数据是一个相对数量指标,要达到资料的可比性,应严格按照规定的调查程序进行。每次所用的食饵和布铗的方式要一致,遇异常天气(如大风、暴雨等)时数据不能使用。铗日法的结果一般表示为"动物数/100 铗日",并可以对相同季节的不同区域或生境进行比较。

（二）活动痕迹计数法

动物的活动痕迹，如粪便、洞口、足迹、尿斑、捕食残迹、标记、植物咬痕等，都可以用来估计动物的数量。用动物痕迹数量表示动物的多少。调查统计法可以使用路线法或样方法。

第三章

动物生物学野外实习生态学研究

§3.1 野外实习中生态学研究的意义、内容及步骤

　　动物生物学野外实习的主要目的是考察特定种群与自然地理环境的空间分布关系。野外实习地的自然地理状况（如地形、地貌、水文等），与动物的居住和生活条件、种类、数量有密切关系。动物生物学野外实习的生态学观察主要包括栖息环境、活动规律、食性、种群密度、群落结构、物种多样性等。因此，野外实习要先规划生境边界，然后确定种群或群落的生存活动空间范围，进行种群行为或群体结构与生境各种因素相互作用的观察记录，这个过程中涉及生态学研究内容。

　　生态学是研究生物之间、生物与环境之间相互关系及其作用机理的学科。生态学的研究对象包括生物分子、个体、种群、群落、生态系统以及生物圈。生物是具有不同结构层次的，每个生命层次都有各自的结构和功能特征，研究高级层次的现象必须先了解低级层次的结构功能和规律，因此，在生态学研究中要具有层次观；生态学研究对象的每一个层次又是相互联系的。例如，个体有出生、死亡、寿命、性别、年龄等特征，在种群层次有出生率、死亡率、平均寿命、性比、平均年龄等，因此，生态学研究的所有研究对象要作为一个生态整体来对待，以便于理解动物与生存环境之间的关系。

3.1.1　个体生态学研究

　　个体生态学研究的第一步是确定种群生境，选取不同类型的典型景观(动物生存的自然环境),如森林、湖泊、河流、农田、荒漠等。在特定生境下对于个体生态学的研究,不可能在原地内进行普遍的观测,只能通过适合于各类生物的规范化抽样调查方法。生态学要进行种群研究,要对种群内个体数量(或密度)、水平或垂直分布格局、适应形态性状、生长发育阶段或年龄结构、物种生活习性行为、死亡因子等进行考察,但是在实际动物学野外实习过程中,清晰、快速地判断调查位置存在很大困难,摄影是真实记录样地空间背景的重要方法之一,适合快速地记录考察地的某特定时间、某特定空间的全貌。第二步是进行取样,动物种群调查的取样方法有简单随机取样法、分层取样法、有样方法、标记重捕法、去除取样法等。在实际取样过程中,不论是简单随机取样、分层取样或植被调查时样方的地位,在具体落实到最基本单元时,都采取随机方法确定样本位置。个体生态学研究确定生境以及样本以后的主要观察内容为活动规律、食性与繁殖。

一、活动规律

　　动物的活动具有季节性活动规律,由于不同动物对不同气候的适应能力不同,在不同的季节里有不同的活动规律,可以按月份或节气分别观察。因此,可以根据野外实习的时间查找文献,确定此季节内的主要动物种群,查找图谱,便于实地、快速选定个体样本。同时,动物受昼夜光周期变化的影响。变温动物还受昼夜温度变化影响,其活动有一定规律。在观察时要记录天气变化、生境内温度、巢穴温、光照强度及动物的体温。

二、食性与繁殖

　　分析动物的食性要根据样本的采食时间,是白昼采食还是夜间取食,亦或是昼夜觅食;观察采集行为,这个过程需要耐心观察,在野外实习过程中耐心、安静地观察动物的取食行为,同时结合文献和现场勘测划定大致的取食范围。动物的食物组成和食量随季节变化而异,可以按季节进行食性研究。在野外可以通过直接观察法初步观察,进一步分析时可以在采集标本后进行剖胃法、挤胃法等,但是这种方法对动物有伤害,因此,常用的方法是对动物的排泄物收集法。

动物的活动区和繁殖育仔场所,是研究动物不同繁殖特性的依据。在野外实习过程中,要仔细观察、详细记录。如果条件允许,要对动物的性别比进行统计,动物种群的重要特性与种群的繁殖力和数量增长有密切关系。

3.1.2 种群生态观察

种群是生物生活和繁衍的基本单位。所谓种群,是指在有限空间内的同种生物的集合群,是由个体组成的,各个个体在空间内存在交互作用,使其在整体上呈现出一种有组织、有结构的特性。种群的基本特征是各类生物种群在正常生长发育条件下所具有的共同特征,即种群的共性。种群的基本特性包括种群的空间分布特征、数量特征、遗传特征及邻接效应4个方面,野外实习多侧重研究种群的空间分布特征和数量特征。

由于自然环境的多样性,以及种内、种间个体的竞争,每一种在一定空间中都会呈现出特有的分布形式。种群的空间分布通常有均匀型分布、随机型分布和成群型分布3种类型。种群内各个个体在空间内呈现等距离分布为均匀型分布,这种分布主要是种群内个体间的竞争,在人为控制情况下多为这种类型。随机型分布是种群内个体在空间的位置不受其他个体分布的影响,相互独立,且每个个体在任一空间分布的概率是相等的,这种分布在自然环境中比较罕见。在森林中地面上的一些无脊椎动物,特别是蜘蛛类表现为随机型分布。在自然界中最常见的是成群型分布,种群内个体的分布既不随机,也不均匀,而是呈密集的斑块分布。野外实习过程对种群基本特征的生态观察包括种群年龄组成、繁殖的季节性、求偶和筑巢等。

种群年龄组成不仅是种群的重要特征之一,而且还影响该动物种群的繁殖力。要掌握观察不同动物年龄的鉴别方法。同时,观察动物的求偶行为、求偶过程、配偶如何形成,还有形成配偶后的一系列行为,以及配偶保持时间、在生殖期间配偶关系的变化等。观察筑巢时注意筑巢位置、筑巢期天数及筑巢动物的性别等。

3.1.3 野外数据的记录与处理

在野外观察时,要以敏锐的观察力去审视周围的一切,并作详细记录,尽量记录一切细节。记录一般以天为单位,记录主要内容包括日期、地点、天气、气温及周围观察到的内容。记录时最好使用笔记本和带橡皮头的铅笔,必要时辅以绘图、录音、录像。

数据记录要及时进行统计与整理,对数据类型进行分类,如定性数据(如动物眼睛和颜色)、连续性数据(如体重、体长)、离散型数据(如个数、胎数、鸟巢数)。同时,对原始数据的可靠性进行审核,剔除原始数据中不可靠的部分和人为因素的误差,之后对数据进行统计学分析、归纳、分组与标准化。将杂乱无章的数据归类、分组,可以清楚地发现数据变化的规律。将单位、小数点后有效数字等进行标准化,有助于最后的统计计算与结果分析。最后,利用这些有效数据,通过特定的方式对生态现象进行分析、解释及预测。

§3.2 动物生态学野外研究的基本方法

3.2.1 直接观察法

在野外可以发现所有的生态学现象和生态过程。直接观察法包括野外考察和定位观测两种。其优点是可以获得自然状态下的资料,缺点是不易重复。

3.2.2 环志

环志是在动物身体上安装无线电发射仪,通过接收装置监测各种动物的空间活动规律。针对陆生野生动物,最为常用、成本最低的监测方法是采用样线调查法,但这种方法大部分不涉及定位技术,无法即时获得动物的位置信息。

3.2.3 无线电遥测

无线电遥测技术自20世纪50年代引入动物学研究以来,已被广泛应用于野生动物的栖息地、扩散、繁殖生态、种群生态等领域。它可以帮助研究人员找到野生动物,记录其位置,了解其活动状态,获得野生动物的一些行为信息,如行走、卧息等,还可以获得野生动物的一些生理信息,如呼吸频率、体温等,可以计算动物领地、家域的大小。随着无线电遥测设备的不断更新,标记追踪、数据分析方法的不断改进,其研究领域也不断扩展。目前无线电遥测方法往往与GPS定位技术结合应用。

3.2.4　GPS卫星定位

有些鸟类和哺乳动物监测研究采用卫星定位技术,能够实现鸟类、兽类迁徙的定位追踪,能够测定地理位置信息(经度、纬度和海拔高度)和所有能识别目标动物的活动痕迹。当代的卫星定位遥感手段极大地拓展了人类的感知范围,但由于采用的是国外的定位跟踪技术,所有的跟踪数据都首先回传国外的数据中心,需要数据时还要再耗费资金购买跟踪数据。更为重要的是,这些数据可以为国外首先使用分析,造成生物数据安全隐患。目前虽然可以采用GPS/北斗定位技术,但在茂密的森林中卫星信号往往难以获得,难以保证连续成功定位。另外,卫星定位往往功耗大,对于野生动物的定位跟踪而言,很不实用。

3.2.5　摄影、摄像和其他成像设备

摄影、摄像和其他成像设备是动物生态研究的辅助工具。例如,红外相机最早见于1927年,Champion用它来研究老虎。主动式红外相机通过发射器能够发射红外线光束,光束被隔断,就会触发相机拍摄;被动式红外相机通过红外传感器感受扇形区域内热量的变化,对有一定体温的鸟类和哺乳类动物进行摄影。目前红外技术已应用于摄像机中,形成伪装摄像机、高速摄像机、热成像摄像机和微型摄像机。另外,声呐设备也在成像系统中得到应用。

第四章

江西省武夷山地区常见动物种类

§ 4.1 昆虫纲

4.1.1 蜻蜓目

1. 黄蜻

分类：蜻蜓目、蜻科。

学名： *Pantala flavescens* Fabricius。

特征：成虫体长 32～40 mm。身体赤黄（雄性体红，雌性体黄）；头顶中央突起，顶端黄色，下方黑褐色，后方褐色；翅透明，赤黄色；后翅臀域浅茶褐色。足黑色，腿节及前、中足胫节有黄色纹。腹部赤黄，第一腹节背板有黄色横斑，第四至第十背板各具黑色斑 1 块。肛附器基部黑褐色，端部黑褐色。成虫产卵于水草茎叶上，孵化后生活于水中。若(稚)虫以水中的浮游生物及水生昆虫的幼龄虫体为食。成虫飞翔于空中，捕捉蚊、蝇等小型昆虫。

分布：全国。

2. 玉带蜻

分类：蜻蜓目、蜻科。

学名：*Pseudothemis zonata* Burmeister。

特征：成虫腹长 29～32 mm，后翅长 37～40 mm。胸黑色，腹部黑色；雄虫腹部第三和第四节为黄白色，成熟雄虫为纯白色；雌虫腹部第三和第四节为黄色。成虫发生期为 4—10 月，栖息于有机质含量丰富的池塘。

分布：江西、福建、浙江、湖南、湖北、广西、广东、四川等地。

3. 四斑长腹扇螅

分类：蜻蜓目、扇螅科。

学名：*Coeliccia didyma* Selys。

特征：雄性为蓝色，腹长 38～41 mm，后翅长 25～27 mm。头部前唇基淡绿，后唇基呈光亮的黑色；额黑色，前缘两侧具淡绿色斑与颊相连；头顶黑色，后头黑色。雄虫前胸具有 4 个蓝斑，侧面蓝色，有 1 条斜黑条纹，翅透明。足黄色，腿节背面。胫节腹面黑色，腹节合刺褐色。腹部第八至第十节几乎全为淡蓝。雌性的斑纹为黄色，分布似雄虫。成虫发生期为 5—10 月，生活在山区溪流环境。

分布：河南、湖南、湖北、江西、福建、广东、广西、四川。

4.1.2　螳螂目

4. 日本姬螳

分类: 螳螂目、花螳科。

学名: *Acromantis japonica* Westwood。

特征: 体型中等。头顶光滑,咀嚼式口器,触角为长丝状。复眼直径小于颊的长度,前胸背板和前胸腹板有明显的刺。前足腿节具有 3～4 个中刺、4 个外列刺;中后腿光滑。后翅末端为平截状,此特性为明显的鉴别特征。

分布: 广东、福建、江西。

5. 中华大刀螳

分类：螳螂目、螳科。

学名：*Tenodera sinensis* Saussure。

特征：体型较大。体细长，通常为绿色或褐色，后翅有深色斑块。前胸背板侧缘具有明显扩展。常在阳光充足处活动。

分布：全国。

4.1.3 竹节虫目

6. 小叶龙竹节虫

分类: 竹节虫目、笛竹节虫科。

学名: *Parastheneboea foliculata* Hennemann，Conle，Zhang & Liu。

特征: 体型为小到中型。黄绿色。触角为丝状,且长度几乎和身体相同。身体周围布满刺。

分布: 云南、福建。

4.1.4　蜉蝣目

7. 黑扁蜉

分类：蜉蝣目、扁蜉科。

学名：*Heptagenia ngi* Hsu。

特征：成虫体型较小,细长。身体呈棕色,胸部颜色较淡,足为棕色, 翅透明具棕色斑,腹背具棕色斑。生活在山区砂质溪流环境。

分布：浙江、福建、广东、江西。

8. 华丽蜉

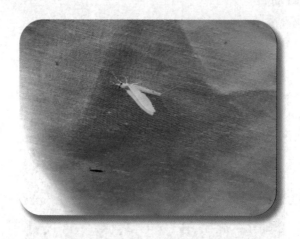

分类：蜉蝣目、蜉蝣科。

学名：*Ephemera pulcherrima* Eaton。

特征：成虫体长 11～15 mm，雌成虫稍大于雄成虫，但体色相似，呈淡黄色，胸部呈淡红褐色，腹部有黑色斑纹，尾丝黄褐色具黑环纹。在山中溪流环境中栖息，具有趋光性。

分布：北京、福建、广东。

9. 鞋山蜉

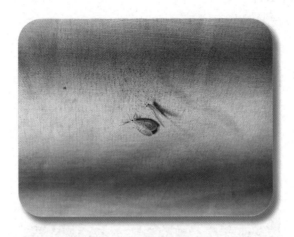

分类：蜉蝣目、蜉蝣科。

学名：*Ephemera yaosani* Hsu。

特征：雌成虫体长大约 16 mm。虫体颜色较淡，胸部为粉色，前翅前缘褐色，尾丝具有黑色环纹。在山区溪流环境中栖息。上图中所示为雌虫。

分布：浙江、安徽、江西、福建、四川、重庆。

4.1.5　直翅目

10. 草绿蝗

分类：直翅目、斑翅蝗科。

学名：*Parapleurus alliaceus* Germar。

特征：体中型。草绿色或者浅黄绿色。成虫体长 20～35 mm。头顶端为圆形，且头短于前胸背板，颜面向后倾斜。触角丝状，长度不超过身长。复眼为卵形，成虫自复眼后端到前胸背板测片上有明显的黑褐色纵条纹。前胸背板宽平，中隆线低，无侧隆线。前胸腹板在前足之间隆起。喜欢在植被较密的环境中栖息。

分布：河北、陕西、四川、江西、福建、湖南、新疆、甘肃等地。

11. 棉蝗

分类：直翅目、斑腿蝗科。

学名：*Chondracris rosea* De Geer。

特征：体型较大，较粗壮。体色为绿色或绿黄色，面部及前胸具有少量的单色条纹，足胫节为淡红色，后足胫节具有白色的大刺。触角丝状、细长，长度超过前胸背板的后缘。前胸腹板突长圆锥状，向后倾斜至中胸腹板的前缘；中胸腹板较窄。前翅宽条形，后翅三角形。雄性肛上板为三角形，基部有凹沟；雌性产卵瓣较粗，顶端呈钩状，外缘黑褐色。成虫跳跃能力强，喜欢在植被较稀疏的山坡和丘陵地栖息。

分布：河北、山西、山东、浙江、江苏、江西、湖南、福建、台湾、广东、广西。

12. 黄脸油葫芦

分类：直翅目、蟋蟀科。

学名：*Teleogryllus emma* Ohmachi & Matsumura。

特征：体型中大型。头大而圆，头部具有淡色眉状条纹。雄性前翅黑褐色且具有油光、长达尾端，发音镜长方形。后翅发达如长尾盖满腹端。雌性前翅长达腹端，后翅发达伸出腹端如长尾。产卵棒较长，呈矛状。多在草地或农田环境中见。

分布：江西、福建、山东等地。

13. 草螽

分类：直翅目、草螽科。

学名：*Conocephalus* sp.。

特征：体长 18～22 mm。体色绿色，胸背黑褐色。触角细长，后腿腿节、胫节间有黑色斑纹，但雌性此斑纹不明显。雌雄翅膀皆短，不覆盖腹部。图中为雌性成虫，产卵管很长。

分布：福建、云南。

14. 短翼菱蝗

分类：直翅目、短翼菱蝗科。

学名：Metrodoridae。

特征：体型很小。体色为灰褐色。前胸背板向后延伸达到腹部端部。多栖息在树干或枝叶上。雄虫体色黑褐色，胸背板黄褐色，体型宽广而短，胸背板侧叶为斜截面。

分布：福建、台湾。

4.1.6 蜚蠊目

15. 大光蠊

分类: 蜚蠊目、光蠊科。

学名: *Rhabdoblatta* sp. 。

别名: 蟑螂、土鳖、偷油婆。

特征: 身体扁平,为卵圆形。头部朝下,置于前胸背板之下,有较长的触角,翅盖住整个腹部,头至翅端总长大于 40 mm。体色整体为褐色,带有黑色斑点,前胸背板处黑色斑点颜色较重。属于大型野生类型,分布在森林边缘的树丛中。

分布: 江西、福建、重庆等地。

4.1.7　襀翅目

16. 新襀

分类：襀翅目、襀科。

学名：*Neoperla* sp.。

别名：石蝇。

特征：体型中型。通常为灰褐色或黄褐色。单眼2个且距离较近。咀嚼式口器,触角为长丝状。前胸大且呈方形;雄虫后胸腹板无刷毛丛;前翅有分支。成虫发生期为4—9月。喜欢山区溪流环境,栖息在水流附近的树干、岩石上。

分布：福建、广东。

17. 长形襟蜻

分类：襀翅目、蜻科。

学名：*Togoperla perpicta* Klapalek。

别名：石蝇。

特征：体色为褐色,前翅长 20 mm 左右;单眼为 3 个,中后头结缺;股节和胫节中部为黄色,两端为褐色。雄虫后胸腹板有刚毛丛。栖息在山区水流处,幼虫对水质要求很高,成虫发生期为 2—7 月。

分布：浙江、福建、广东。

4.1.8 革翅目

18. 日本蠼螋

分类: 革翅目、蠼螋科。

学名: *Labidura japonica* De Haan。

别名: 耳夹子虫、剪刀虫。

特征: 成虫体型为中小型,体长而扁平,头为前口式,咀嚼式口器。复眼圆形,触角呈长丝状;前胸背板发达,长方形或方形;无翅,腹部长,可以自由弯曲,尾须为钳状。夜出性昆虫。雌虫产卵常数十粒成堆,有较强的护卵习性。捕食性天敌昆虫,可以捕食蝗虫、棉蚜等害虫。

分布: 江西、福建。

4.1.9　膜翅目

19. 褐长腿蜂

分类: 膜翅目、胡蜂科、长脚胡峰属。

学名: *Polistes tenebricosus* Lepeletier。

特征: 体长 20～26 mm,体色红褐色,触角黑褐色,端部附近黄橙色;中胸背板黑色,第三腹节发达,具有黑横条。成虫除冬季外均可见,杂食性昆虫。在白天活动,昼行性昆虫,生活在低、中海拔地区。工蜂多在溪边吸水再带回巢中,并且连续往返于蜂巢与溪边。

分布: 全国。

20. 墨胸胡蜂

分类: 膜翅目、胡蜂科、黑胸胡蜂属。

学名: *Vespa nigrithorax* Buysson。

别名: 黄脚虎头蜂、赤尾虎头蜂。

特征: 体长约 20 mm,体被棕色毛;头胸黑色,被黑色毛;胸部骨片均呈黑色。前胸背板前缘中央向前隆起,中部甚窄;中胸背板中央有纵隆线。翅基片外缘略呈棕色;翅呈棕色,前翅前缘色略深。前足胫节前缘内侧、跗节黄色,余呈黑色;中、后足胫节、跗节黄色,余呈黑色。因跗节明显的浅黄色,有"黄脚虎头蜂"及"赤尾虎头蜂"别名。捕食范围非常广泛,属杂食性昆虫。具有强攻击性,毒素成分复杂,含量甚微,但毒性很强,是最为常见、危险的胡蜂种类之一。

分布: 浙江、四川、江西、广东、广西、福建、云南、贵州、西藏。

21. 黄长腿蜂

分类: 膜翅目、胡蜂科、长脚胡蜂属。

学名: *Polistes* (*Gyrostoma*) *rothneyi gressitti* Van der Vecht。

特征: 体长 18～23 mm。体色黄色;触角黑褐色,端部附近黄橙;复眼间黑色斑发达;前胸、后胸背板底色为黑色,中胸背板黑色有黄色直条斑,第三腹节具发达黑横条。各脚有黑黄相间斑纹。无近似种。习惯筑巢于树丛或建筑物屋檐等场所。属杂食性昆虫,是昼行性昆虫,主要在中低海拔山区。

分布: 全国。

22. 黄胫白端叶蜂

分类: 膜翅目、叶蜂科、叶蜂属。

学名: *Tenthredo lagidina* Malaise。

特征: 体形微小,为 15~17 mm。体呈黑色;腹部与产卵器连接处、触角基部及端部 4 鞭节、前胸背板、中胸背板边缘呈黄白色;足呈黄白色,各足股节背侧有黑色斑块。主要活动在森林中,1 年 1 代。

分布: 湖南、江西、福建、广东、广西、贵州、重庆。

23. 中华蜜蜂

分类：膜翅目、蜜蜂科、蜜蜂属。

学名：*Apis cerana* Fabricius。

特征：工蜂体长 10～13 mm，雄蜂体长 11～13.5 mm，蜂王体长 13～
16 mm。蜂王、工蜂和雄蜂的头部形状各不相同，正面观分别
呈心脏形、倒三角形和圆形。唇基中央隆起，具有三角形黄
板；上唇长方形具有黄斑；上颚顶端具有黄斑，触角柄节为黄
色；小盾片黄色，或为棕色或黑色；体色较西方蜜蜂更黑（个体
更小）；足及腹部第三、第四节背板红黄色，第五、第六节背板
色暗；各节背板端缘均具有黑色环带。飞行敏捷，嗅觉灵敏。
出巢早，归巢晚。

分布：除新疆外，全国各地。

4.1.10　半翅目

24. 桑宽盾蝽

分类：半翅目、盾蝽科、宽盾蝽属。

学名：*Poecilocoris druraei* Linnaeus。

特征：体长 15～18 mm，宽 9.5～11.5 mm。黄褐或红褐色。头中叶
稍长于侧叶，黑色，触角黑色。前胸背板有 2 个大黑斑，有些
个体无；前侧缘微拱，边缘稍翘，侧角圆钝。小盾片有 13 个黑
斑，有些个体黑斑互相连结或全无。足黑色。腹部腹面同
体色。

分布：四川、贵州、台湾、广东、广西、云南。

25. 弯角蝽

分类: 半翅目、蝽科。

学名: *Lelia decempunctata* Motschulsky。

特征: 体长 16～22 mm,椭圆形,黄褐色,密布小黑刻点。前胸背板侧角大而尖,外突稍向上,侧脚后缘有小突起 1 个,中区有等距排成一横列的黑点 4 个;前侧缘稍内凹,有小锯齿;小盾片基中部及中区各有黑点 2 个,基角上各有下陷黑点 1 个,共有10 个黑点。寄主有葡萄、糖槭、核桃楸、榆、杨、醋栗、刺槐等。

分布: 中国的东北、华北、华东等地。

26. 小珀蝽

分类：半翅目、蝽科、珀蝽属。

学名：*Plautia crossota* Dallas。

特征：体长 8 mm。小珀椿成虫的体色为鲜绿色，具光泽。前胸背板光滑，不具明显的点刻，侧脚且突起不明显，端部略呈红褐色。小盾片末端圆钝且较宽，颜色较淡。前翅革质部为褐色，边缘处为绿色，足皆为绿色。成虫和若虫常会在芦荟、茄科和豆科植物果实上取食，造成农作物损失。

分布：全国大部分地区。

27. 菜蝽

分类：半翅目、蝽科。

学名：*Eurydema dominulus* Scopoli。

别名：河北菜蝽。

特征：体长 6～9 mm，椭圆形，体色橙红或橙黄，有黑色斑纹。头部黑色，侧缘上卷，橙色或橙红。前胸背板上有 6 个大黑斑，排成两排，前排 2 个，后排 4 个。小盾片基部有 1 个三角形大黑斑，近端部两侧各有 1 个较小黑斑，小盾片橙红色部分呈"Y"字形，交会处缢缩。翅革片具橙黄或橙红色曲纹，在翅外缘形成 2 个黑斑；膜片黑色，具白边。足黄、黑相间。腹部腹面黄白色，具 4 纵列黑斑。

分布：中国南北方油菜和十字花科蔬菜栽培区，以吉林、河北居多。

28. 麻皮蝽

分类: 半翅目、蝽科。

学名: *Erthesina fullo* Thunberg。

别名: 黄斑蝽、麻蝽象、麻纹蝽、臭大姐。

特征: 体长 20.0~25.0 mm,宽 10.0~11.5 mm。体黑褐色,密布黑色刻点及细碎不规则黄斑。头部狭长,侧叶与中叶末端约等长,测叶末端狭尖。触角 5 节黑色,第一节短而粗大,第五节基部 1/3 为浅黄色。喙浅黄,4 节,末节黑色,达第三腹节后缘。

分布: 内蒙古、辽宁、陕西、四川、云南、广东、海南、台湾,沿海各地居多。

29. 赤星椿象

分类：半翅目、星椿象科。

学名：*Dysdercus cingulatus*。

特征：体长 12～17 mm。体色橙色；头部红色；上翅膜质部分黑色，主要特征是上翅革质部分左右各有 1 枚小黑点。

分布：全国大部分地区。

30. 齿缘刺猎蝽

分类：半翅目、猎蝽科。

学名：<i>Sclomina erinacea</i> Stal。

特征：体长 15.0 mm，体宽 4.0 mm，触角长 14.0 mm。体褐色，多软毛。头部细长，有 10 个刺，以复眼间 1 对最长；触角黄褐相间，4 节，第一节最长，第三节最短；复眼向两侧突出，褐色；喙第二节长于第一节。前胸背板前叶具 10 个长短不一的刺，后叶具 4 个长刺。小盾片无刺。

分布：安徽、江西、湖南、浙江、福建、台湾、广东、海南、广西、云南。

31. 稻棘缘蝽

分类: 半翅目、缘蝽科。

学名: *Cletus punctiger* Dallas。

别名: 稻针缘蝽、黑棘缘蝽。

特征: 成虫体长 9.5～11 mm,宽 2.8～3.5 mm。体黄褐色,狭长,刻点密布。头顶中央具短纵沟,头顶及前胸背板前缘具黑色小粒点,触角第一节较粗,长于第三节,第四节纺锤形。复眼褐红色,单眼红色。前胸背板多为一色,侧角细长,稍向上翘,末端黑。喜聚集在稻、麦的穗上吸食汁液,造成秕粒。

分布: 上海、江苏、浙江、安徽、河南、福建、江西等地。

32. 一点同缘蝽

分类：半翅目、缘蝽科。

学名：*Homoeocerus unipunctatus* Thunberg。

特征：体长 13.5～14.5 mm。黄褐色。触角第一至第三节略呈三棱形，具黑色小颗粒。前翅革片中央有 1 个小斑点。雌虫第七腹节腹板后缘中缝两侧扩展部分较长，呈锐角，其内边稍呈弧形。寄主为梧桐、豆科植物。

分布：浙江、福建、江苏、湖北、江西、台湾、广东、云南、西藏。

33. 点蜂缘蝽

分类: 半翅目、缘蝽科。

学名: *Riptortus clavatus* Thunberg。

别名: 白条蜂缘蝽、豆缘蝽象。

特征: 体长 15～17 mm,宽 3.6～4.5 mm,狭长,黄褐至黑褐色,被白色细绒毛。头在复眼前部成三角形,后部细缩如颈。喙伸达中足基节间。前翅膜片淡棕褐色,稍长于腹末。腹部侧接缘稍外露,黄黑相间。足与体同色,胫节中段色淡,后足腿节粗大,有黄斑。主要危害蚕豆、豌豆、菜豆、绿豆、大豆等豆科植物,亦危害水稻、麦类、玉米等。

分布: 浙江、江西、广西、四川、贵州、云南等地。

34. 黑尾叶蝉

分类: 半翅目、叶蝉科。

学名: *Nephotettix bipunctatus* Fabricius。

别名: 黑尾浮尘子。

特征: 头部有一处明显的圆形黑斑,头顶的另一黑斑向颜面部位呈长方形延伸。前、后唇基相交处有一横跨的黑色斑。前胸背板有成三角形排列的 3 个圆形黑点;前翅橙黄色稍带褐色,翅基肩角各有黑斑 1 块;翅端为黑色。后翅黑色。胸面、腹面均为黑色,有时侧缘及腹节间呈淡黄色。雄虫的前翅端部黑色,当翅覆于体背时,黑色部分在尾端,因此得名"黑尾"。寄生于水稻、茭白、慈菇、小麦、大麦,取食和产卵时刺伤寄主茎叶,破坏输导组织,受害处呈现棕褐色条斑,致植株发黄或枯死。

分布: 中国的东北、华中、华东地区,以台湾、广东和海南居多。

35. 粉黛广翅蜡蝉

分类：半翅目、广翅腊蝉科。

学名：*Ricanula pulverosa*。

别名：丽纹广翅蜡蝉。

特征：展翅宽 15～18 mm。体背与上翅基部 1/3 区呈黑色或黑褐色底色，具许多黄色的横向细波纹；上翅端部 2/3 区主要呈紫褐色，中央具 1 个黑色圆斑；上翅前缘区具黑色斜线，中央具白斑，端部区具 2 个黑点。成虫出现于 4—7 月，生活在低、中海拔山区。

分布：陕西、河南、江苏、浙江、湖北、福建、江西、广东、台湾、海南等地。

36. 八点广翅蜡蝉

分类：半翅目、广翅腊蝉科。

学名：*Ricania speculum* Walker。

别名：八点蜡蝉、八点光蝉、桔八点光蝉、咖啡黑褐蛾蜡蝉。

特征：体长 11.5～13.5 mm，翅展 23.5～26 mm。黑褐色，疏被白蜡粉。触角刚毛状，短小，单眼 2 个，红色。翅革质密布纵横脉，呈网状。前翅宽大，略呈三角形，翅面被稀薄白色蜡粉，翅上有 6～7 个白色透明斑；后翅半透明，翅脉黑色，中室端有一小白色透明斑，外缘前半部有 1 列半圆形小的白色透明斑，分布于脉间。腹部和足褐色。白天活动危害。若虫有群集性，爬行迅速，善于跳跃；成虫飞行力较强且迅速。危害苹果、梨、桃等水果类作物。

分布：全国。

37. 褐缘蛾蜡蝉

分类：半翅目、蛾蜡蝉科、缘蛾蜡蝉属。

学名：_Salurnis marginella_ Guérin-Méneville。

别名：青蛾蜡蝉。

特征：属漂亮的种类。体长 7 mm。头部黄赭色；触角深褐色，端节膨大；中胸背板发达，有红褐色纵带 4 条，其余部分为绿色；腹部侧扁，灰黄绿色，覆盖有白色蜡粉；前翅绿色或黄绿色，边缘完整。常见危害多种木本植物。

分布：安徽、江苏、浙江、重庆、四川、广西、广东等地。

38. 斑衣蜡蝉

分类：半翅目、蜡蝉科、斑蜡蝉属。

学名：*Lycorma delicatula* White。

别名：花姑娘、椿蹦、花蹦蹦、灰花蛾等。

特征：成虫体长 15～25 mm，翅展 40～50 mm。全身灰褐色；前翅革质，基部约 2/3 为淡褐色，翅面具有 20 个左右的黑点；体翅表面附有白色蜡粉。头角向上呈短角突起。翅膀颜色偏蓝为雄性，偏米色为雌性。喜干燥炎热处，1 年 1 代。成虫、若虫均有群栖性，飞翔力较弱，但善于跳跃。

分布：中国的东北、华北、华东、西北、西南、华南地区，以及台湾等地。

39. 伯瑞象蜡蝉

分类：半翅目、象蜡蝉科。

学名：*Dictyophara patruelis*。

特征：体长 8.0～11.0 mm，翅展 18.0～22.0 mm。体绿色，死后多变为黄色。头前伸成头突，长约等于头胸长度之和。头突背面和腹面各有 3 条绿色纵脊线和 4 条橙色条纹。翅透明，脉纹呈淡黄色或浓绿色，端部脉纹和翅痣褐色。胸部腹面黄绿色，侧面有橙色条纹。腹部腹面淡绿色，各节中央黑色。足黄绿色，有暗黄色和黑褐色纵条纹。

分布：黑龙江、吉林、辽宁、陕西、山东、江苏、浙江、湖北、江西、福建、台湾、广东、海南、云南。

40. 斑带丽沫蝉

分类： 半翅目、沫蝉总科、沫蝉科、丽沫蝉属。

学名： *Opsariichthys kaopingensis*。

特征： 体大型美丽。体长 13～15.5 mm。头部、前胸背板和前翅橘红色，黑色的斑带明显。头颜面极鼓起，被细毛，两侧有横沟；冠短。复眼黑色，单眼小而呈黄色。前胸背板长宽略相等，前、后侧缘及后缘有缘脊；近前缘有 2 个近长方形的大黑斑；中脊极弱。由于两横列斑均趋于融合，形成宽横带，故名"斑带丽沫蝉"。寄生范围为桑、桃、李、咖啡、三叶橡胶。

分布： 福建（武夷山、邵武、浦城、龙海、诏安、将乐）、江苏、安徽、浙江、江西、台湾、广东、广西、四川、云南、贵州、海南。

41. 白带尖胸沫蝉

分类：半翅目、沫蝉科。

学名：*Aphrophora horizontalis*。

特征：体长 9.8～11.4 mm。头顶、前胸背板前半部及小盾片黄褐色，前胸背板后半部暗褐色。复眼灰色或前黑色，单眼水红色。触角第一、第二节黄褐色，第三节暗褐色。后唇基黄褐色，表面刻点暗褐色；前唇基、喙基片、颊叶及触角窝暗褐色。前翅乳白色。胸节腹面暗褐色。足黄褐色。

分布：安徽、浙江、湖北、江西、湖南、福建、台湾、广东、广西、贵州、云南。

42. 胡蝉

分类：半翅目、蝉科。

学名：*Graptopsaltria tienta* Karsch。

特征：体长 32～35 mm，翅展 93～102 mm。头部草绿色，顶区前后方两条横带黑色。前胸、中胸背板棕褐色，前胸背板中央矛状纵纹及后缘草绿色，中胸背板两侧带、中纵带及 X 隆起前方的"山"字形斑纹为黑色，中胸背板中央两钩形纹及两侧缘前端为深绿色。

分布：广布于中国南方地区。

43. 蟪蛄

分类： 半翅目、蝉科、蟪蛄属。

学名： *Platypleura kaempferi*。

别名： 知了。

特征： 蟪蛄的种类很多，按颜色可以分为绿色、黄色、混合色，其中绿色和黄褐色的蟪蛄在南方较常见。体型较小，只有 25 mm 左右。中胸背板有白色的"W"形状。蟪蛄生命中有 95％以上的时间是在泥土里度过的。雄性腹部有发音器，夏末自早至暮鸣叫不息。成虫喜栖息在树干上，一边用中空的管状物插入树枝来吸吮汁液，一边发出鸣叫。

分布： 全国。

44. 蚱蝉

分类：半翅目、蝉科、蚱蝉属。

学名：*Cryptotympana atrata*。

别名：鸣蜩、马蜩、螃、鸣蝉、秋蝉、蜘蟟、蚱蟟和知了等。

特征：雄虫体长而宽大，长 44～48 mm，翅展 125 mm；雌虫稍短。黑色，有光泽。头部横宽，中央向下凹陷，颜面顶端及侧缘淡黄褐色。复眼 1 对，大而横宽，呈淡黄褐色；单眼 3 个，位于复眼中央，排列呈三角形。触角短小，位于复眼前方。

分布：全国大部分地区。

4.1.11　鞘翅目

45. 黄带刺楔天牛

分类：鞘翅目、天牛科、沟胫天牛亚科。

学名：*Thermistis croceocincta* Saunders。

特征：体长 17～23 mm。黑色，被黑色及硫黄色绒毛；触角第三至第十一节基部及端部具灰白色毛环；前胸背板两侧前半部各具一硫黄色横带，中部横带倾斜，翅端平截，外端角具齿。

分布：陕西、湖北、江西、福建、广东、浙江、海南、湖南、广西、四川、云南。

46. 桑天牛

分类：鞘翅目、天牛科、沟胫天牛亚科。

学名：*Apriona germari* Hope。

特征：成虫体长 34～46 mm。被黄褐色短毛，头顶隆起，中央有 1 条纵沟。上颚黑褐，强大锐利。触角比体稍长，顺次细小，柄节和梗节黑色，以后各节前半黑褐、后半灰白。前胸近方形，背面有横的皱纹，两侧中间各具 1 个刺状突起。鞘翅基部密生颗粒状小黑点。成虫危害嫩枝、皮和叶，幼虫在枝干的皮下和木质部内向下蛀食，排出大量粪屑，削弱树势，重者枯死。

分布：除黑龙江、内蒙古、宁夏、青海、新疆外全国各地。

47. 星天牛

分类：鞘翅目、天牛科、沟胫天牛亚科、星天牛属。

学名：_Anoplophora chinensis_ Forster。

别名：花角虫、牛角、铁炮虫。

特征：体长 50 mm，头宽 20 mm。体色为亮黑色；体翅黑色，每鞘翅有多个白点。前胸背板左右各有 1 个白点；翅鞘散生许多白点，白点大小个体差异颇大。虫害可以杀死多种硬木树。

分布：辽宁以南、甘肃以东各省（区）。

48. 云斑白条天牛

分类：鞘翅目、天牛科、白条天牛属。

学名：*Batocera lineolate* Hope。

特征：中国产天牛中较大的一种。成虫体长 32～65 mm，宽 9～20 mm。体黑褐至黑色，密被灰白色至灰褐色绒毛。雄虫触角超过体长 1/3，雌虫触角略长于体，小盾片被白毛。鞘翅上具不规则的白色或浅黄色绒毛组成的云片状斑纹，一般列成 2～3 纵行，以外面一行数量居多，并延至翅端部。鞘翅基部 1/4 处有大小不等的瘤状颗粒。成虫啃食新枝嫩皮，若虫蛀食树韧皮部和木质部，轻则影响树木生长，重则使树木枯死。危害杨、核桃、桑、苹果和梨等。

分布：四川、云南、贵州、广西、广东、台湾、福建、安徽、浙江、江苏、湖北、湖南、河北、山东、陕西等省。

49. 中华薄翅锯天牛

分类：鞘翅目、天牛科、锯天牛亚科。

学名：*Megopis sinica* White。

别名：薄翅天牛、大棕天牛。

特征：成虫头黑褐色。复眼肾形,黑色,复眼之间有黄色绒毛。触角1对,长38 mm,10 节,红茶色。胸黑褐色,前胸与中胸、后胸分离,中胸和后胸联合并密被绒毛;中胸短而狭,背板有三角形小盾片;后胸大而宽,腹面有光泽。前翅 2 对,鞘翅红茶色,后翅为 1 对薄膜翅,翅脉红茶色,脉间膜质白色透明。危害苹果、山楂、枣、栗、核桃等植物。

分布：全国大部分地区。

50. 黑角黄天牛

分类: 鞘翅目、天牛科。

学名: *Penthides flavus*。

特征: 体长约9 mm。触角、各足为黑色;体色黄褐色;翅鞘满覆米黄色细毛。雄虫触角较雌虫稍长。成虫出现于夏季,主要生活在低海拔山区。夜晚具有趋光性。

分布: 除港澳台外全国各地。

51. 蒙瘤犀金龟

分类：鞘翅目、犀金龟科。

学名：*Trichogomphus mongol*。

特征：大型甲虫，体长 32～52 mm。雄虫头面有一前宽后狭、向后上弯的强大角突，前胸背板前部呈一斜坡，后部强度隆升呈瘤突，瘤突前侧方有齿状突起 1 对，前侧、后侧十分粗皱；雌虫头部简单，密布粗大刻点。体背面黑色，腹部及足黑褐色略泛红，全体油亮。

分布：湖南、广东、贵州、广西、重庆、四川、云南、福建、台湾、海南、浙江、安徽。

52. 琉璃突眼虎甲虫

分类：鞘翅目、虎甲虫科。

学名：*Therates fruhstorferi sauteri* Horn。

特征：体长 12～15 mm。头部复眼特别向外突出；翅鞘、体背为蓝紫色,具金属光泽；在翅鞘中央,左右各有 1 个白色斑点。成虫出现于 5—8 月,生活在低海拔和中低海拔山区,数量不太多。

分布：除港澳台外全国各地。

53. 逗斑青步甲

分类：鞘翅目、步甲科、青步甲属。

学名：*Chlaenius virgulifer* Chaudoir。

特征：体长 13 mm，体宽 5 mm。体黑色，头及前胸背板具深绿色的金属光泽，鞘翅具绿色光泽。鞘翅端部各有 1 个逗号形黄斑，其端部达鞘翅末端，跨及第六、第七、第八沟距，最宽处跨及第三沟距。白天潜伏于土中，夜间活动，有趋光性。

分布：江西、广东、云南等地。

54. 毛胸青步甲

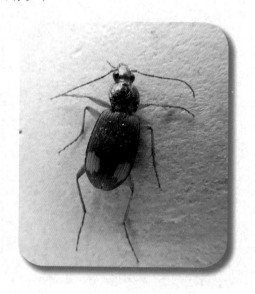

分类：鞘翅目、步甲科。

学名：*Chlaenius*(*Lissauchenius*)*naeviger* Morawitz。

特征：体长 14～16 mm。头部金属绿或铜色，触角黄褐色；前胸背板金属绿或铜色；足黄色；鞘翅黑色，近端部 1/3 处有 1 对黄色斑，覆盖 4～8 行距。前胸背板多毛。

分布：河南、湖北、北京、云南、贵州、重庆、辽宁。

55. 朱肩丽叩甲
（物种被《国家保护的有益的或者有重要经济、科学研究价值的陆生野生动物名录》收录）

分类: 鞘翅目、叩甲科、丽叩甲属。

学名: *Campsosternus gemma*。

别名: 磕头虫。

特征: 体长 36 mm,体宽 10 mm。全身光亮,无毛,椭圆形,铜绿色;前胸背板两侧(不包括前胸背板周缘和后角)、前胸侧板(不包括前胸侧板周缘)、腹部两侧及最后两节间膜红色。常见于苦楝、木梨等植物上。

分布: 江苏、安徽、湖北、浙江、江西、湖南、福建、台湾、重庆、四川、贵州等地。

56. 毛角豆芫菁

分类：鞘翅目、芫菁科。

学名：*Epicauta hirticornis* Haag-Rutenberg。

特征：体长 11.5～21.5 mm，体宽 3.6～6 mm。身体和足完全黑色，头红色，鞘翅乌暗无光泽。头略呈方形，后角圆。

分布：湖北、江苏、福建、江西、山东、河北、内蒙古、新疆、黑龙江。

57. 象鼻虫

分类: 鞘翅目、象鼻虫科。

学名: *Elaeidobius kamerunicus*。

别名: 象甲。

特征: 象鼻虫是鞘翅目昆虫中最大的一科。大多数种类都有翅,体形很小,雄虫体形为 3.25 mm×1.40 mm,雌虫的个体比雄虫小,雌虫为 2.71 mm×1.19 mm。雄虫鼻子的平均长度为 0.88 mm,雌虫鼻子的平均长度为 1.11 mm;因为"鼻子"的长度约为体长的一半,象鼻虫的口吻很长,这类昆虫被人们称为"象鼻虫"。雄虫的眼睛裸露,鼻子较短,体形大些,在野外很容易辨认出雄虫和雌虫。可根据象鼻虫身体的大小、鼻子的长短对其性别进行鉴定,且雄虫鞘翅边缘有绒毛。秋季开始冬眠,直到春季。成虫具有假死的习性。

分布: 全国。

58. 棕长颈卷叶象鼻虫

分类：鞘翅目、卷叶象鼻虫科。

学名：*Paratrachelophrous nodicornis*。

特征：雄虫体长 13～16 mm，雌虫体长 9～11 mm。体色为单纯的红棕色，各足腿节末端和胫节前端黑色。雄虫头部细长，雌虫头部较短。成虫出现于春至秋季，生活在低海拔山区。寄生植物为水金京、山桂花等植物。

分布：除港澳台外全国各地。

59. 鸟粪象鼻虫

分类：鞘翅目、象鼻虫科。

学名：*Mesalcidodes trifidus*。

别名：老叫花。

特征：常栖息在椿树上，擅长假死。外壳坚硬，颜色黑白灰相间，犹如鸟粪，因此得名"鸟类象鼻虫"。体长 9～11 mm。体色大致区分成 3 段：前后两段为白色，中段为黑色。外观拟态成鸟粪的模样。头前部有"象鼻"，象鼻左右有两个触角。在假死后，象鼻向下紧贴胸部。6 只足对折后整齐地紧贴胸部。成虫出现在春夏两季，生活在低海拔山区树林旁的灌木丛。

分布：除港澳台外全国各地。

60. 斜条大象鼻虫

分类: 鞘翅目、象鼻虫科。

学名: *Cryptoderma formosense*。

特征: 体长 8～15 mm。体色为红褐色至黑褐色。前胸背板中央具微细纵向白色条纹,最大特征是从前胸背板侧面前方,有 1 条延伸至翅鞘接合处中央的弧形白色条纹。成虫出现在夏季,生活在低海拔森林下缘的草丛。为夜行性昆虫。

分布: 除港澳台外全国各地。

61. 台湾琉璃豆金龟

分类：鞘翅目、金龟子科。

学名：*Popillia mutans* Newman。

别名：无斑弧丽金龟。

特征：体长 12～14 mm。体色有蓝色、绿色，具强烈的金属光泽。翅鞘有沟纹及刻点，呈纵向排列，近翅基部处下方具凹陷的横沟。各脚与体色相同。腹末端无绒毛。近似种为蓝豆金龟。生活于平地至中海拔山区，喜欢访花，于 6—8 月间较容易被观察到。

分布：除港澳台外全国各地。

62. 台湾青铜金龟

分类: 鞘翅目、金龟子科。

学名: *Anomala expansa* Bates。

别名: 绿金龟。

特征: 体长 24～28 mm。体色为鲜丽的绿色,具亮丽的金属光泽,前胸及头部有微弱的铜色光泽,各脚腿节内侧褐色。雌雄外观相似,但雄虫翅鞘下缘具有翼片突起,比较容易区分。本种体色为绿色,但在不同角度及闪光灯照摄下会有金铜的色泽。常见于台湾,生活于平地至低海拔山区,常成群寄生于豆科植物。夜晚有趋光性。

分布: 除香港、澳门外全国各地。

63. 锹甲

分类： 鞘翅目、锹甲科。

科名： Lucanidae。

别名： 夹夹虫。

特征： 锹甲是锹甲科约 1 000 种甲虫的统称。体中型至特大型,体长7～129 mm,且多大型种类。长椭圆形或卵圆形,背腹相当扁圆。体色多棕褐、黑褐至黑色,或有棕红、黄褐色等色斑,有些种类有金属光泽,通常体表不被毛。头前口式,性二态现象十分显著。雄虫头部大,接近前胸之大小,上颚异常发达,多呈鹿角状,同种雄性个体也因发育程度不同,大小、简复差异显著,唇基形式多样。触角肘状 10 节,鳃片部 3～6 节,多数为3～4 节,呈梳状。前胸背板宽大于长。小盾片发达显著。鞘翅发达,盖住腹端,纵肋纹常不显或不见。腹部可见 5 个腹板。中足基节明显分开,跗节 5 节,爪成对简单。锹甲是一种好斗的昆虫。成虫食液、食蜜,幼虫腐食,栖食于朽木。成虫多夜出活动,有趋光性,也有白天活动的种类。

分布： 全球有近千种,中国约有 300 种,分布于中国大部分省份。

64. 幸运锹甲

分类：鞘翅目、锹甲科。

学名：*Lucanus fortune* Saunders。

特征：雄虫体长约 45 mm，宽约 13 mm。褐色。头扁平且向上突起，上颚长约 11 mm，1/2 处有刺，末端分叉；六足褐色，前足胫节多刺，中足刺 3 个，后足刺 3 个。

分布：广东、四川、江西、浙江。

65. 孔夫子锯锹

分类：鞘翅目、锹甲科。

学名：*Prosopocoilas confucius* Hope。

特征：体长 59～106 mm（雄性），是我国体长最长的甲虫，分布于南方，尤以湖南、海南等地较多。体色呈光亮的黑色。雄虫大颚发达，共有两较大齿突，小齿突较多，其前胸背板两侧各生有1个小刺突。成虫爱食水果，幼虫腐食，栖食于树桩及其根部。成虫多夜出活动，有趋光性。

分布：福建、浙江、海南。

66. 异色瓢虫

分类: 鞘翅目、瓢甲科。

学名: *Harmonia axyridis* Pallas。

特征: 异色瓢虫成虫的鞘翅颜色变化丰富,形成各种各样的色斑,这些色斑是一系列等位基因综合表达的结果。成虫色斑通常是由黑色或者淡黄色作为底色,镶嵌以黑色或者红色圆点状色块构成,类型多样,在亚洲许多地区异色瓢虫的色斑种类都在数十种以上,其中黑底型和非黑底型的比例伴随季节变化而变化。危害植物为棉花、豇豆、高粱和白菜。

分布: 黑龙江、湖北、湖南、四川、云南、贵州、甘肃、新疆、陕西、山西、河北、河南、山东、江苏、浙江、安徽、江西、天津、辽宁、广东、广西。

67. 小十三星瓢虫

分类：鞘翅目、瓢虫科。

学名：*Harmonia dimidiata* Fabricius。

特征：体长 6.0～9.5 mm。体背橙红色；翅鞘上共有 13 个黑点。最大辨识特征是翅鞘接合处末端有 1 个黑点。除冬季外，成虫在平地至中海拔山区很普遍。擅长捕食。少数个体夜晚也会趋光。

分布：除香港、澳门外全国各地。

68. 横纹叶蚤

分类：鞘翅目、金花虫科、粗角跳甲属。

学名：*Phygasia ornate* Baly。

特征：前胸背板橙褐色，中央隆突。翅鞘黑色，左右各有 1 个大型的白斑，两斑不相连，间距较宽。触角基部 2～3 节黄褐色，其余黑色。

分布：除澳门外全国各地。

69. 二星龟金花虫

分类: 鞘翅目、金花虫科。

学名: *Thlaspida biramosa* Boheman。

特征: 体长约 9 mm。翅鞘与前胸背板外缘呈透明状;体背中央颜色变化很大,从黄褐色到深黑褐色均有。最大辨识特征是体背下半部分在翅鞘外缘左右各有 1 个大型黑点。成虫出现于春、夏两季,生活在低海拔、中海拔林缘。食草为杜虹花。

分布: 除港澳台外全国各地。

70. 黄足黑守瓜

分类：鞘翅目、叶甲科、守瓜属。

学名：*Aulacophora lewisii* Baly。

别名：柳氏黑守瓜、黄胫黑守瓜、黑瓜叶虫。

特征：成虫体长 5.5～7 mm，宽 3～4 mm。全身仅鞘翅、复眼和上颚顶端黑色，其余部分均呈橙黄色或橙红色。以危害瓜类蔬菜为主。

分布：我国黄河以南各地。

4.1.12 双翅目

71. 金黄指突水虻

分类: 双翅目、水虻科。

学名: *Ptecticus aurifer* Walker。

别名: 金水虻。

特征: 体长 22 mm 左右。复眼黑色,触角第二节内侧端部突起呈指状;体金黄色,翅基黄色,端部 1/3 黑色。雄性复眼裸,体橘黄色;腹扁平、细长,橘黄色,被黑毛,第三至第五腹板各具大块椭圆形黑斑,有的甚至在第五节后全为黑色。外生殖器背面具一扁叶片状结构。雌性个体复眼为离眼式,额向前逐渐变窄。常见于海拔 300~2 000 m 的亚热带和热带高山地区,平原地区少见,多见于我国南方山区溪流旁。

分布: 湖南、贵州、北京、陕西、安徽、江苏、浙江、四川、吉林、内蒙古、河北、山西、江西、湖北、福建、云南、广西、西藏等地。

72. 丽长足虻

分类：双翅目、长足虻科。

学名：*Sciapus* sp. 。

特征：体型为小到中型，体长 0.8～9 mm。体色为金绿色，并且有强烈的金属光泽。头部宽于胸部，且胸部多较平，足细长，体表有发达的鬃。多见于水生环境周边的植物中，成虫为捕食性，幼虫常见于淤泥、腐败植物和水中。

分布：江西、福建、湖南、广西、广东。

73. 食虫虻

分类：双翅目、短角亚目、食虫虻科。

科名：Asilidae。

别名：盗虻。

特征：食虫虻科食肉动物的统称，有 4 761 种，分布全球。体中型至大型，体粗壮，多毛和鬃。复眼分开较宽，头顶明显凹陷，口器较长而坚硬，适于捕食刺吸猎物。足较粗壮，有发达的鬃，适于捕捉。

分布：福建、江西等地。

74. 驼舞虻

分类：双翅目、驼虻科、驼舞虻属。

学名：*Hybos* sp.。

特征：体细长。胸部明显隆起，触角芒 2 节，细长丝状；喙刺状，水平伸长；腹部较胸部纤细，有不明显的向下弯曲。成虫盛发期在 5—8 月。

分布：云南、贵州、江西、福建、重庆。

75. 广虻

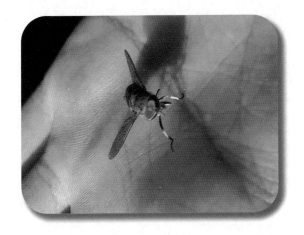

分类：双翅目、虻科、虻属。

学名：*Tabanus* sp.。

特征：体长 16 mm 左右。头顶无单眼，活的时候复眼泛绿光。触角基节和梗节短。翅透明，无斑。腹背各节中央具有宽的白色三角形。

分布：福建、江西、重庆。

76. 丽大蚊

分类: 双翅目、大蚊科。

学名: *Tipula Formotipula* sp. 。

特征: 体色黑色或橙色相间,触角呈丝状。翅呈黑色或白色,透明。成虫发生期为4—10月,多活动于低海拔及中海拔山区。

分布: 江西、福建、浙江、台湾、贵州、四川、云南。

77. 双色丽大蚊

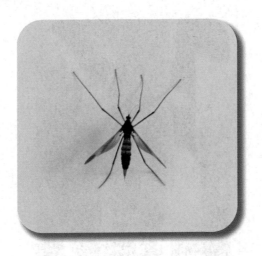

分类：双翅目、大蚊科。

学名：*Tipula* sp. 。

特征：体色鲜明，黑色和橙色相间，触角为丝状，腹部或具有横纹，橙色和黑色相间。翅透明。足为黑色。成虫活动于低海拔及中海拔山区。

分布：福建、浙江、江西、台湾、江苏、贵州、云南、四川。

78. 光大蚊

分类：双翅目、沼大蚊科。

学名：*Helius* sp. 。

别名：瘿蚋。

特征：体长约 14 mm。体色偏褐色，中胸背板具有褐色或黑色带状斑纹，腹部或具有横纹。翅透明，具有斑纹。足细长且有白色环节。

分布：全国。

4.1.13　鳞翅目

79. 艳刺蛾

分类： 鳞翅目、刺蛾科、艳刺蛾属。

学名： *Demonarosa rufotessellata* Moore。

特征： 翅展 22～27 mm。头、胸背浅黄色，胸背具黄褐色横纹；腹部橘红色，具浅黄色横线；前翅褐赭色，被一些浅黄色横线分割成许多带形或小斑，尤以后缘和前缘外半较显，横脉纹为 1 个红褐色圆；后翅橘红色。

分布： 天津、安徽、浙江、湖南、江西、福建、广东、广西、海南、四川、云南、台湾。

80. 闪银纹刺蛾

分类：鳞翅目、刺蛾科、银纹刺蛾属。

学名：*Miresa fulgida* Wileman。

特征：翅展 25～34 mm。体黄色，背中央掺有赭褐色；前翅暗红褐色，后缘内半部赭黄褐色，中室内半部到前缘 1/2 蒙有银色雾点，1～4 脉间的内半部各有一三角形银斑，后者较大并与银色外线相连，亚端线为一模糊银带；后翅淡黄色。

分布：江西、福建、台湾、广东、云南。

81. 黄刺蛾

分类：鳞翅目、刺蛾科、黄刺蛾属。

学名：*Monema flavescens* Walker。

别名：洋刺子、八角。

特征：翅展 30～38 mm。前翅黄褐色，自顶角有一细斜条伸向中室下角，斜线内侧黄色，外侧棕色；在棕色部分有 1 条褐色细线自顶角伸至后缘中部；中室端部有一暗褐色圆点；后翅灰黄色。成虫夜间活动，趋光性不强。

分布：黑龙江、吉林、辽宁、山西、河北、山东、天津、北京、河南、湖北、湖南、江西、上海、江苏、浙江、安徽、广东、广西、福建、甘肃、陕西、内蒙古、四川、重庆、云南、台湾。

82. 梨娜刺蛾

分类：鳞翅目、刺蛾科、梨刺蛾属。

学名：*Narosoideus flavidorsalis* Staudinger。

别名：梨刺蛾。

特征：体长 13～16 mm，翅展 29～36 mm。雌触角丝状，雄双栉齿状。头、胸背黄色，腹部黄色，具黄褐色横纹。前翅黄褐色，外线明显，为深褐色，与外缘近平行。线内侧具黄色边，带铅色光泽，翅基至后缘橙黄色。后翅浅褐色或棕褐色，缘毛黄褐色。寄生范围为梨、苹果、桃、李、杏、樱桃等，幼虫危害枣。

分布：黑龙江、辽宁、吉林、河北、山西、江苏、浙江、江西、广东、台湾。

83. 迹斑绿刺蛾

分类：鳞翅目、刺蛾科、绿刺蛾属。

学名：_Parasa pastoralis_ Bulter。

特征：体长 15～19 mm，翅展 35～42 mm。头翠绿色，复眼黑色，胸背翠绿。前端有一撮棕褐色毛。前翅翠绿，近翅基的斑块为黄褐色，外缘黄带较宽；后翅黄色。

分布：云南、四川、湖南、江西、浙江、陕西、甘肃。

84. 桃蛀螟

分类：鳞翅目、螟蛾科、蛀草螟属。

学名：*Conogethes punctiferalis* Guenée。

别名：桃蛀野螟、豹纹斑螟、桃蠹螟、桃斑螟、桃实螟蛾、豹纹蛾、桃斑蛀螟、蛀心虫。

特征：体长 9~14 mm，翅展 25~28 mm。体橙黄色。前翅正面散生 27~28 个大小不等的黑斑；后翅有 15~16 个黑斑。雌蛾腹部末端圆锥形；雄蛾腹部末端有黑色毛丛。以幼虫危害为主。寄主植物有芒果、玉米、粟、向日葵、姜、棉花、桃、柿、核桃、松果等。

分布：湖北、湖南、河南、江西、山东、江苏、安徽、浙江、福建、上海、北京、天津、河北、山西、内蒙古、辽宁、吉林、黑龙江、新疆、陕西、甘肃、四川、云南、贵州、重庆、广东、广西、海南。

85. 四斑扇野螟

分类：鳞翅目、螟蛾科、扇野螟属。

学名：*Pleuroptya quadrimaculalis* Kollar。

特征：翅展 21～27 mm。灰棕色，有闪光；头部灰棕色，胸部背面和两侧灰棕色，腹部背面灰棕色，胸部下侧、腹部腹面和足灰白色。前翅暗灰棕色，中室内有 1 个白斑，两侧各有 1 个黑点，中室外侧有 1 个白色大斑，外缘略向内陷，形状如新月，前翅缘毛灰棕色。后翅暗灰棕色，中室外侧有 1 个白色大圆斑，缘毛暗灰棕色，后缘部分缘毛白色。

分布：黑龙江、辽宁、河北、山东、河南、湖北、福建、江西、贵州。

86. 大褐尺蛾

分类：鳞翅目、尺蛾科、褐尺蛾属。

学名：*Amblychia moltrechti* Bastelberger。

别名：黄黑斑大尺蛾。

特征：翅面灰白色，密布黑褐色的细斑点。前翅有5～7条黄褐色的横纹，近基部的黑褐色横带具尖齿状外突。中海拔山区数量多见。

分布：浙江、江西、台湾。

87. 对白尺蛾

分类: 鳞翅目、尺蛾科、白尺蛾属。

学名: *Asthena undulata* Wileman。

别名: 烟斗波纹尺蛾。

特征: 翅展 21~25 mm,翅面白色。前翅近外缘有一条烟斗状的横带,于前缘具红色与灰褐色的分布,于后缘有 1 个黑色斑,中室内有 1 个黑色小点,后翅斑纹较简单。

分布: 上海、浙江、湖北、江西、湖南、福建、广东、台湾。

88. 长纹绿尺蛾

分类：鳞翅目、尺蛾科、绿尺蛾属。

学名：*Comibaena argentaria* Leech。

特征：前翅长，雄蛾 12～15 mm，雌蛾约 15 mm。雄、雌触角均为双栉形。翅上几乎没有白色碎纹。前翅内外线较细弱，外线在 M1 处的凸齿较粗大；其下端在臀褐处内凸 1 对尖齿，其中上侧的齿长而尖；翅端部逐渐变为白色；臀角处斑块深灰褐色，较弱。后翅前缘下方深灰褐色，中点短棒状，深灰褐色；外缘斑纹同前种，但顶角斑深灰褐色；臀角处白斑较小，带灰褐色。

分布：湖南、江西、湖北、台湾、福建、广东、广西。

89. 亚四目绿尺蛾

分类：鳞翅目、尺蛾科、亚四目绿尺蛾属。

学名：_Comostola subtiliaria_ Bremer。

别名：长斑四圈青尺蛾。

特征：翅面绿色。前翅中央有 1 个镶白色边的褐色斑，后翅外缘中部略外凸，新月纹与前翅中点花纹一致，但比前翅中点大，前后翅外线呈斑点排列。缘毛绿白色。翅反面无斑纹。

分布：黑龙江、内蒙古、陕西、甘肃、青海、湖南、江西、福建、广西。

90. 屈折线尺蛾

分类：鳞翅目、尺蛾科、折线尺蛾属。

学名：*Ecliptopera substituta* Walker。

特征：体长 10 mm，翅展 28 mm。头和体背黄褐色，掺杂褐色鳞片。前翅黑褐色，中线中部的凸齿短而尖，齿尖向上翘，黑褐色中域宽度个体间有变化。后翅白色，中点深灰色，后缘近端部处有 3 条线段的残迹。

分布：江西、云南。

91. 黄齿纹波尺蛾

分类：鳞翅目、尺蛾科、焰尺蛾属。

学名：*Electrophaes zaphenges* Prout。

特征：翅展 29～38 mm。前翅黑褐色,翅面有 3 条白色齿状横带,第一、第二列横带靠近,两带间黄褐色,第三列横带到外缘为黄褐色。

分布：江西、台湾。

92. 巨豹纹尺蛾

分类: 鳞翅目、尺蛾科。

学名: *Obeidia gigantearia* Leech。

特征: 翅展 70～81 mm。翅表面斑纹由外向内依次为橙黄色、黑褐色、半透明白色。前翅翅端尖锐。成虫出现于夏季,生活在低海拔、中海拔山区。白昼喜访花,夜晚具趋光性。

分布: 我国南部各地。

93. 雪尾尺蛾

分类：鳞翅目、尺蛾科、尾尺蛾属。

学名：*Ourapteryx nivea* Butler。

别名：接骨木尾尺蛾。

特征：翅白色，斜线浅褐色，有浅褐色散条纹，后翅外缘略突出，有2个赭色斑，外缘毛赭色。腹部后半为浅褐色。

分布：甘肃、江西、浙江、内蒙、重庆、四川、湖南、香港。

94. 双目白姬尺蛾

分类：鳞翅目、尺蛾科、眼尺蛾属。

学名：*Problepsis albidior* Warren。

特征：翅展 36～40 mm。前后翅各有 1 个眼状大斑，前翅眼斑内侧有 1～2 个黄色斑点，后翅眼纹颜色较淡，眼纹外围镶银纹。

分布：江西、浙江、湖南、湖北、四川、广东、广西、海南、香港、澳门。

95. 台湾镰翅绿尺蛾

分类：鳞翅目、尺蛾科、镰翅绿尺蛾属。

学名：*Tanaorhinus formosanus* Okano。

别名：单点镰翅绿（青）尺蛾。

特征：翅展 51～69 mm。翅面绿色，翅端呈镰刀状，中室内各具 1 个墨绿色的小黑点。前翅近基部有波状灰白色横带，中室下方的横带锯尺状，下缘于各脉间有灰白色的大斑，亚端线波状或点状排列；后翅斑纹与前翅相似。成虫主要在 4—11 月出现，多栖于树上。夜间具趋光性。

分布：江西、福建、台湾。

96. 三角璃尺蛾

分类：鳞翅目、尺蛾科、璃尺蛾属。

学名：*Trigonoptila latimarginaria* Leech。

别名：三角尺蛾。

特征：雄蛾翅展 34～39 mm，雌蛾翅展 38～41 mm。前翅横带平直，翅型呈三角状，因此得名"三角璃尺蛾"。翅面为淡灰褐色，前翅有 2 条横带，近中央的横带为平直，近基部的横带中央外突如"V"字形，顶角有白斑，后翅有 1～2 条水平横带斑。

分布：上海、江西、江苏、浙江、福建、广西、台湾。

97. 中国虎尺蛾

分类：鳞翅目、尺蛾科、虎尺蛾属。

学名：*Xanthabraxas hemionata* Güenee。

特征：体长 18～22 mm，翅展 60～65 mm。体色鲜黄，有黑斑，内外线呈波状，黑色，中央有碎黑斑，外线以外呈放射状条纹。翅的正反面色泽花纹均一致。体节背部和两侧有黑斑。

分布：华北、华中、华西、华东。

98. 蚬蝶凤蛾

分类：鳞翅目、凤蛾科、齿蛱蛾属。

学名：*Psychostrophia nymphidiaria* Oberthür。

别名：黑边白蛱蛾。

特征：翅展 37～45 mm。翅白色，全翅外缘以及前翅前缘除 4 小块白斑外，均为黑色，极易分辨。与白蚬蝶斑纹极其近似。白天活动，喜在潮湿的地上吸水。

分布：江西、福建、四川。

99. 思茅松毛虫

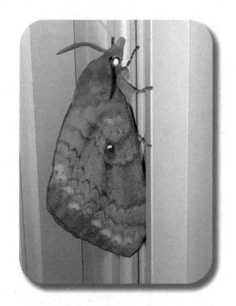

分类：鳞翅目、枯叶蛾科、松毛虫属。

学名：*Dendrolimus kikuchii* Matsumura。

别名：褚色松毛虫。

特征：雄蛾翅展 53～78 mm，雌蛾翅展 68～80 mm。棕褐色至深褐色，最明显的特征是在亚外缘黑斑列的内侧有淡黄色斑，前翅中室末端的白点很明显，亚外缘斑列最后两点的连线约与翅顶角相交。雌蛾前翅前缘近末端 1/3 处开始有称作"前列"的弯曲；外缘弧也很大。雄蛾前翅中室白斑内侧有 2 块紧接在一起的淡黄色斑。触角鞭节褐色，栉节黑褐色。寄主为各种松树。

分布：江西、台湾、云南、广西、浙江、湖南、贵州、四川。

100. 油茶枯叶蛾

分类：鳞翅目、枯叶蛾科、大枯叶蛾属。

学名：*Lebeda nobilis* Walker。

别名：油茶毛虫、杨梅毛虫、杨梅老虎、大灰枯叶蛾。

特征：雌蛾翅展 75～95 mm，雌蛾翅展 50～80 mm。体色变化较大，有黄褐、赤褐、茶褐、灰褐等色，一般雄蛾体色较雌蛾深。前翅有 2 条淡褐色斜行横带，中室末端有 1 个银白色斑点，臀角处有 2 个黑褐色斑纹；后翅赤褐色，中部有 1 条淡褐色横带。危害植物有山毛榉、板栗、油茶、杨梅、苦槠、麻栎等，危害状为枝梢枯，叶部被吃光。

分布：湖南、江西、浙江、江苏、台湾、广西。

101. 苹枯叶蛾

分类：鳞翅目、枯叶蛾科、苹枯叶蛾属。

学名：*Odonestis pruni* Linnaeus。

别名：杏枯叶蛾、苹毛虫。

特征：雌成虫体长 25～30 mm，翅展 52～70 mm；雄成虫体长 23～28 mm，翅展 45～56 mm。全身赤褐色。前翅外缘略呈锯齿状，翅面有 3 条黑褐色横线。内、外横线呈弧形，两线间有 1 个明显的白斑点，亚缘线呈细波纹状。后翅色较淡，有两条不太明显的深褐色横带。

分布：黑龙江、吉林、辽宁、河北、河南、山东、陕西、甘肃、湖北、安徽、江苏、浙江等地。

102. 宁波尾大蚕蛾

分类：鳞翅目、大蚕蛾科、尾大蚕蛾属。

学名：*Actias ningpoana* Fielder。

别名：绿尾天蚕蛾、中国月亮蛾。

特征：雌性体长约 38 mm，翅展约 135 mm；雌性体长约 36 mm，翅展约 126 mm。体表具浓厚白色绒毛，前胸前端与前翅前缘具一条紫色带，前翅、后翅淡绿色至白色，中央具一透明眼状斑，后翅臀角延伸呈燕尾状。本种与绿尾大蚕蛾十分相似，但后者分布于我国西南地区。除了地理分布区别以外，在外观形态上后者翅型非常尖锐，而且尾突的弧度比前者圆滑；翅上眼斑的颜色，后者偏粉紫色，而前者偏粉黄色。危害药用植物山茱萸、丹皮、杜仲等，还危害果树、林木。幼虫食叶，可全叶吃光，仅留叶柄和叶脉。

分布：吉林、辽宁、河北、河南、江苏、浙江、江西、湖北、湖南、福建、广东、海南、四川、云南、香港、台湾。

103. 华尾大蚕蛾

分类：鳞翅目、大蚕蛾科、尾大蚕蛾属。

学名：*Actias sinensis* Walker。

特征：翅展 80～100 mm。雌雄色彩差异明显，雄蛾体黄色，翅以黄色为主；雌蛾体青白色，翅以粉绿色为主；雌雄蛾前后翅均带有眼状斑，并都带有波纹状的线条；后翅均有 1 对 3～3.5 mm 的尾带。寄主为樟、枫杨、桦、柳、槭、核桃、悬铃木。

分布：云南、湖北、湖南、江西、广东、广西、四川、西藏、海南。

104. 半目大蚕蛾

分类: 鳞翅目、大蚕蛾科、柞蚕属。

学名: *Antheraea yamamai* Guerin-Meneville。

别名: 天蚕。

特征: 翅展130～140 mm。体橙黄色,颈板白色较宽。前翅前缘粉黄色,内线白色;中线及外线不明显,亚端线由3条线组成,自顶角内侧达后缘中部,中间1条紫红色,另两条白色;顶角内侧有粉紫色近三角形斑,与亚外缘线相连接,外缘较直,后角钝圆;中室基部有1个白色月形斑,端部有圆形斑。后翅与前翅相同,只是中室的圆斑较大。主要取食壳斗科植物。

分布: 黑龙江、辽宁、江西、四川、云南。

105. 王氏樗蚕蛾

分类：鳞翅目、大蚕蛾科、樗蚕蛾属。

学名：*Samia wangi* Naumann & Peigler。

特征：翅展 130～160 mm。翅青褐色，前翅顶角外突，端部钝圆，内
侧下方有黑斑，斑的上方有白色闪形纹；内线、外线均为白色，
有黑边，外线外侧有紫色宽带，中室端有较大新月形半透明
斑；后翅色斑与前翅相似。

分布：中国的西南、华南地区，台湾也有分布。

106. 青球箩纹蛾

分类：鳞翅目、箩纹蛾科、箩纹蛾属。

学名：*Brahmaea hearseyi* White。

特征：翅展 112～115 mm。体青褐色。前翅中带底部球形，上有 3～6 个黑点，中带顶部外侧内凹弧形，弧形外有 1 个圆灰斑，上有 4 条横贯的白色鱼鳞纹，中带外侧有 6～7 行箩筐纹，排列成 5 垄，翅外缘有 7 个青灰色半球形斑，其上有形似葵花籽形斑 3 个，中带内侧与翅基间有 6 个纵行青黄色条纹。寄主为女贞属植物。

分布：安徽、广东、重庆、四川、河南、贵州、福建、江西。

107. 紫光箩纹蛾

分类：鳞翅目、箩纹蛾科，褐箩纹蛾属。

学名：*Brahmaea porphyrio* Chu & Wang。

别名：水蜡蛾。

特征：体长 32～38 mm，翅展 125～131 mm，体大型，棕褐色。喙发达，触角双栉齿状，腹部背节间有黄褐色横纹。前翅中带中部两个长圆形纹呈紫红色，并在其外侧有一个紫红色区域，中带内侧有 7 条深褐色和棕色的箩筐编织纹。中带外侧有 5～7 条浅褐色和棕色的箩筐编织纹。翅外缘浅褐色，有一列半球形的灰褐色斑。后翅内侧棕色或黑褐色，外侧有 10 条浅褐色和棕色箩筐编织纹。前、后翅翅脉均为蓝褐色。

分布：江西、浙江、上海、福建、甘肃。

108. 三线茶蚕蛾

分类：鳞翅目、蚕蛾科、茶蚕蛾属。

学名：*Andraca bipunctata* Walker。

特征：体长 16～17 mm，翅展约 40 mm。体翅咖啡色，有丝绒状光泽。前翅顶角外突长，并向下方弯曲呈钩状；内线及中线深棕色，波浪形，外线较直，接近前缘时呈一锐角弯向内方，外线外侧有浅色隐形斑；中室有黑色小点。寄生于茶、油茶、青木岑、厚皮香。

分布：浙江、安徽、湖南、江西、四川、广东、海南、福建、贵州、广西、云南、台湾。

109. 鬼脸天蛾

分类：鳞翅目、天蛾科、面形天蛾属。

学名：*Acherontia lachesis* Fabricius。

别名：人面天蛾。

特征：体长 55 mm，翅展 100～125 mm。胸部背面有骷髅形斑纹，眼点以上有灰白色大斑，腹部黄色，各环节间有黑色横带，背线蓝色较宽，第五腹节后盖满整个背面。前翅黑色、青色、黄色相间，内横线、外横线各由数条深浅不同的波状线条组成，中室上有 1 个灰白色点；后翅黄色，基部、中部及外缘处有较宽的黑色带 3 条，后角附近有灰蓝色斑 1 块。以茄科、豆科、木樨科、紫葳科、唇形科为寄主。夜晚会趋光，白天停栖在与翅色相近的树干上。

分布：湖南、江西、海南、广东、广西、云南、福建、台湾。

110. 白薯天蛾

分类：鳞翅目、天蛾科、薯天蛾属。

学名：*Agrius convolvuli* Linnaeus。

别名：甘薯天蛾、虾壳天蛾、旋花天蛾。

特征：翅展 90～100 mm，体长 30～35 mm。翅灰褐色，具许多微细的褐色至黑色斑纹。腹部背面棕色，有断续的黑色细背线，各体节两侧有白黑红三色间列的横纹，类似虾的腹部。成虫出现于 4—11 月，生活在平地至高海拔山区。夜晚具有趋光性。

分布：北京、天津、山东、江苏、安徽、浙江、湖北、福建、台湾、广东、海南、四川等地。

111. 裂斑鹰翅天蛾

分类： 鳞翅目、天蛾科、鹰翅天蛾属。

学名： *Ambulyx ochracea* Butler。

特征： 翅展 48～50 mm，体长 45～48 mm。体翅橙褐色。胸部背面黄褐色，两侧浓绿至褐绿。前翅表面近基部处有 1 个黑色大圆斑点，近外侧下缘角处的深色斑旁有 1 个较不明显的黑色大圆斑点。第六腹节后的各节两侧有褐黑色斑，胸及腹部的腹面为橙黄色。主要分布于 1 000 m 以上山区。

分布： 河北、辽宁、山西、陕西、山东、河南、湖北、江苏、浙江、福建、广东、广西、海南、香港、澳门、台湾。

112. 咖啡透翅天蛾

分类: 鳞翅目、天蛾科、透翅天蛾属。

学名: *Cephonodes hylas* Linnaeus。

别名: 咖啡透翅天蛾。

特征: 翅长 20～34 mm。胸部背面黄绿色,腹面白色;腹部前端青草色,中部紫红色,尾部毛丛黑色,其余部位杏黄色。触角黑色,前半部粗大,端部尖而细。翅透明,脉棕黑色,基部草绿色,顶角黑色;后翅内缘至后角有浓绿色鳞毛。白天活动的蛾类之一。吸花蜜时靠翅膀悬停空中,尾部鳞毛展开,如同鸟的尾羽,加上体形如鸟类,常被误认为蜂鸟。

分布: 江西、云南、广西、台湾。

113. 灰斑豆天蛾

分类：鳞翅目、天蛾科、豆天蛾属。

学名：*Clanis undulosa* Moore。

特征：翅长 61 mm，体长 47 mm。头灰褐色，胸部灰白色，头顶及前胸背板中央有棕褐色背线，胸足灰褐色，腹部灰褐色，各节间有褐色横线。前翅灰褐色，内线、中线及外线均为双行波浪形灰褐色纹；顶角稍外突，内侧有灰褐色长三角形，斑的内侧灰白色；后翅灰褐色，前缘枯黄，后缘灰色，外缘弧形，缘毛金黄色。

分布：东北、华北、华中、华南、西南。

114. 黑长喙天蛾

分类：鳞翅目、天蛾科、长喙天蛾属。

学名：*Macroglossum pyrrhosticta* Butler。

特征：翅长 23～25 mm。体翅黑褐色，头及胸部有黑色背线，肩板两侧有黑色鳞毛；腹部第一、第二节两侧有黄色斑，第四、第五节有黑色斑，第五节后缘有白色毛丛，端毛黑色刷状；腹面灰色至褐色，各纵线灰黑色。前翅各横线呈黑色宽带，近后缘向基部弯曲，外横线呈双线波状，亚外缘线甚细、不明显，外缘线细黑色，翅顶角至 6、7 脉间有一黑色纹；后翅中央有较宽的黄色横带，基部与外缘黑褐色，后缘黄色；翅反面暗褐色，后部黄色，外缘暗褐色，各横线灰黑色。

分布：含北京的华北、东北，以及南方的四川、贵州、江西。

115. 构月天蛾

分类: 鳞翅目、天蛾科、月天蛾属。

学名: *Parum colligata* Walker。

特征: 翅展 65~80 mm,体长 28~32 mm。体翅褐绿色;胸部背板及肩板棕褐色。前翅亚基线灰褐色,内横线与外横线间呈比较宽的茶褐色带,中室末端有 1 个明显白点,外横线暗紫色,顶角有新月形暗紫色斑,周边呈白色,顶角至后角有弓形的白色宽带。后翅浓绿,外横线色较浅,后角有棕褐色斑 1 条。成虫出现于 4—10 月,生活在低海拔、中海拔山区。夜晚具趋光性。

分布: 北京、河北、河南、山东、吉林、辽宁、湖南、江西、广东、海南、广西、贵州、云南、四川、台湾。

116. 白肩天蛾

分类: 鳞翅目、天蛾科、白肩天蛾属。

学名: *Rhagastis mongoliana* Butler。

特征: 翅长 23～30 mm。体翅褐色,头部及肩板两侧白色,触角棕黄色,胸部后缘两侧有橙黄色毛丛,下唇须第一节有一坑为鳞片盖满。前翅中部有不甚明显的茶褐色横带,近外缘呈灰褐色,后缘近基部白色;后翅灰褐色,近后角有黄褐色斑;翅反面茶褐色,有灰色散点及横纹。绣球花的主要害虫之一,幼虫危害叶片,使其不能正常生长和开花,严重时会使整株枯死。

分布: 华北以及黑龙江、湖南、江西、海南、贵州、台湾。

117. 紫光盾天蛾

分类：鳞翅目、天蛾科、盾天蛾属。

学名：*Phyllosphingia dissimilis* Bremer。

别名：核桃叶天蛾、胡桃天蛾。

特征：翅展 93～130 mm。翅表面与体背为黄褐色至黑褐色相间的特殊斑纹，前翅中央有一紫色盾形斑纹；停栖时后翅局部外露在前翅前方。

分布：浙江、四川、重庆、江西、福建、陕西、贵州、台湾。

118. 杨二尾舟蛾

分类：鳞翅目、舟蛾科、二尾舟蛾属。

学名：*Cerura menciana* Moore。

别名：杨双尾天社蛾、杨双尾舟蛾。

特征：体长 28～30 mm，翅展 75～80 mm。体灰白色。头和胸部灰白带有紫褐色，胸部由 6 个黑点排列成两列，腹背黑色，腹端有 4 条黑色纵纹。前翅灰白，翅脉黑褐色，所有斑纹黑色。翅基部有 3 个黑点，亚基线有 7 个黑点，中横线和外横线为双道深锯齿状纹，翅外缘在各脉间有黑点；后翅颜色较淡，翅脉黑褐色，横脉纹黑色。

分布：除新疆、贵州和广西尚无记录外，几乎遍及全国。

119. 黑蕊舟蛾

分类：鳞翅目、舟蛾科、蕊舟蛾属。

学名：*Dudusa sphingiformis* Moore。

别名：黑蕊尾舟蛾。

特征：体长 23～37 mm，翅展 70～89 mm。头、触角黑褐色。前翅灰黄褐色，基部有 1 个黑点，呈一大三角形斑；亚基线、内线和外线灰白色。内线呈不规则锯齿形，外线清晰，斜伸双曲形。亚端线和端线均由脉间灰白色月牙形纹组成。缘毛暗褐色。后翅暗褐色，前缘基部和后角灰褐色，亚端线同前翅。寄生植物为栾树、槭属。

分布：北京、河北、河南、陕西、山东、湖北、湖南、广西、广东、浙江、江西、福建、四川、贵州、云南。

120. 苹掌舟蛾

分类：鳞翅目、舟蛾科、掌舟蛾属。

学名：*Phalera flavescens* Bremer & Grey。

别名：舟形毛虫、苹果天社蛾、黑纹天社蛾、举尾毛虫、举肢毛虫。

特征：体长 22～25 mm，翅展 49～52 mm。前翅银白色，在近基部生 1 个长圆形斑，外缘有 6 个椭圆形斑，横列成带状，各斑内端灰黑色，外端茶褐色，中间有黄色弧线隔开；翅中部有淡黄色波浪状线 4 条；顶角上具两个不明显的小黑点。后翅浅黄白色。寄主植物为各种果树。

分布：北京、黑龙江、吉林、辽宁、河北、河南、山东、山西、陕西、四川、广东、云南、湖南、湖北、安徽、江苏、浙江、福建、台湾。

121. 点舟蛾

分类: 鳞翅目、舟蛾科、点舟蛾属。

学名: *Stigmatophorina hammamelis* Mell。

特征: 体长 23～30 mm；雄性翅展 53～66 mm，雌性翅展 64～71 mm。头红褐色，胸部背面灰褐色，有 4～5 条棕黑色横线。前翅灰褐色，有弱的淡紫色光泽，从后缘 1/4 处到近中室下角有 1 块棕黑色双齿形斑；从中室末端到近臀角有 1 块大的棕黑色斑，略呈三角形。

分布: 上海、浙江、安徽、福建、江西、湖北、湖南、广东、广西、四川、云南。

122. 白斑胯舟蛾

分类：鳞翅目、舟蛾科、胯舟蛾属。

学名：*Syntypistis comatus* Leech。

别名：白斑舟蛾。

特征：翅展 48～61 mm。翅面灰绿色。雄蛾头部及前胸上半部白色,前翅灰绿色,中室附近有许多白斑;雌蛾此白斑向外缘延伸,白斑区域占满前翅,斑型和雄蛾差异很大。

分布：福建、江西、湖北、湖南、广东、云南、四川、西藏、甘肃、台湾。

123. 乌桕黄毒蛾

分类： 鳞翅目、毒蛾科、黄毒蛾属。

学名： *Euproctis bipunctapex* Hampson。

别名： 枇杷毒蛾、乌桕毛虫、油桐叶毒蛾。

特征： 雄蛾翅展 23～38 mm，雌蛾翅展 32～42 mm。体密被橙黄色绒毛。前翅顶角有一黄色三角区，内有两个黑色的小圆斑。前翅前缘、后翅后缘均为黄色，其余部分为橙黄色。成虫白天静伏不动，常在夜间活动，趋光性强。幼虫常群集为害。

分布： 安徽、重庆、江苏、上海、浙江、江西、湖南、湖北、四川、厦门、福建、广东、贵州、西藏。

124. 杨雪毒蛾

分类：鳞翅目、毒蛾科、雪毒蛾属。

学名：*Leucoma candida* Staudinger。

别名：柳毒蛾。

特征：雄蛾翅展 32～38 mm，雌蛾翅展 45～60 mm。体白色。前翅和后翅白色，有光泽，不透明。触角干白色带棕色纹，栉齿黑褐色；下唇须黑色。寄主为杨、柳。

分布：河北、山西、辽宁、吉林、黑龙江、江苏、浙江、安徽、福建、江西、山东、河南、湖北、湖南、四川、云南、陕西、青海、甘肃、西藏。

125. 双线盗毒蛾

分类：鳞翅目、毒蛾科、盗毒蛾属。

学名：*Porthesia scintillans* Walker。

别名：缘黄毒蛾、棕衣黄毒蛾。

特征：体长 8.4 mm，翅展 22 mm。头部和颈板橙黄色，胸部浅黄棕色，腹部褐黄色，肛毛簇橙黄色。前翅灰褐色。前缘及外缘具黄边。雌、雄斑型各异，雄蛾除触角发达外，近顶角有 2 个黑斑；雌蛾没有，但于外缘具明显的 3 个黄色斑块排列。后翅黄色。寄主植物广泛，是一种植食性兼肉食性的昆虫。

分布：广西、广东、湖南、浙江、江西、福建、台湾、海南、云南、四川、陕西、台湾。

126. 中带白苔蛾

分类：鳞翅目、灯蛾科、苔蛾亚科、华苔蛾属。

学名：*Agylla virilis* Rothschild。

特征：翅展 43～55 mm。前翅白色，中间有一条黑色横带。雄虫横带中央外突面较宽大；雌虫外突较窄。

分布：江西、台湾。

127. 条纹艳苔蛾

分类：鳞翅目、灯蛾科、苔蛾亚科、艳苔蛾属。

学名：*Asura strigipennis* Henrich-Schäffer。

别名：长梯纹艳苔蛾。

特征：体型中小型。成虫前翅中央有一条褐色的横带贯穿，横带上半部斑点较短而稀疏，下半部的斑型呈条状排列但各条状斑不相连。危害柑橘。

分布：陕西、江苏、浙江、江西、湖北、湖南、福建、广东、广西、海南、四川、云南、西藏、台湾。

128. 闪光苔蛾

分类：鳞翅目、灯蛾科、苔蛾亚科、闪光苔蛾属。

学名：*Chrysaeglia magnifica* Walker。

特征：翅展 50～66 mm。前翅橙黄色，前缘、外缘、中央和基部附近均有具光泽的黑色斑。雄蛾后翅顶缘毛深褐色；雌蛾后翅为金黄色。

分布：江西、湖南、广西、四川、云南、西藏、台湾。

129. 红斑苔蛾

分类：鳞翅目、灯蛾科、苔蛾亚科、雪苔蛾属。

学名：*Cyana effracta* Walker。

别名：锈斑雪苔蛾。

特征：前翅有 3 条红色的横带，各横带间具 1～3 个略呈圆形的红斑，与其他同属种类具黑色的斑点有别，翅面由红带及红斑构成，此为命名"红斑苔蛾"的由来。

分布：江西、湖南、广西、台湾、四川、云南。

130. 优雪苔蛾

分类：鳞翅目、灯蛾科、苔蛾亚科、雪苔蛾属。

学名：*Cyana hamata* Walker。

别名：二斑叉纹苔蛾。

特征：雄蛾翅展 26～34 mm，雌蛾翅展 26～38 mm。雄蛾白色，前翅亚线红色，向前缘扩展，内线向外折角至中室末端的红点，横脉纹上有 2 个黑点，前缘毛缨上有 1 个红点，外线红色斜线，端线红色；后翅红色，缘毛白色。雌蛾前翅内线在中室向外弯，横脉纹上有 1 个黑点。

分布：河南、江苏、浙江、湖北、江西、湖南、福建、台湾、广东、广西、四川。

131. 短棒苔蛾

分类：鳞翅目、灯蛾科、苔蛾亚科、雪苔蛾属。

学名：*Cyana subalba* Wileman。

别名：苏雪苔蛾。

特征：翅展 36～52 mm。雄蛾前翅的 3 个黑斑中，后方两个黑斑相连成短棒状，外线于前缘下方有 1 个不明显的黑斑，雌蛾此处的 3 个黑斑则分离。本种以雄蛾命名。

分布：四川、江西、台湾。

132. 黄缘狄苔蛾

分类：鳞翅目、灯蛾科、苔蛾亚科、狄苔蛾属。

学名：*Diduga flavicostata* Snellen。

别名：黄缘苔蛾。

特征：体型小型。前翅灰褐色，头部至全翅周围镶黄褐色边纹，前翅
外缘至臀角区的斑纹较不整齐。

分布：江西、福建、广西、海南、四川、云南、台湾。

133. 东方美苔蛾

分类：鳞翅目、灯蛾科、苔蛾亚科、美苔蛾属。

学名：*Miltochrista sauteri* Strand。

特征：体长 14 mm，翅展 29～48 mm。前翅橙红色，具黑褐色与橙黄色交错条纹，各斑呈规则排列，翅面隐约可见 3 条黑褐色横带，第三列横带呈"V"字型，合翅时两翅相连成"W"字型，此条横带下方有放射状的黑褐色条纹。成虫出现于 4—10 月，生活在低海拔、中海拔山区。夜晚具趋光性。

分布：黑龙江、吉林、辽宁、陕西、浙江、福建、湖北、江西、广东、广西、海南、四川、云南、西藏、台湾。

134. 优美苔蛾

分类：鳞翅目、灯蛾科、苔蛾亚科、美苔蛾属。

学名：*Miltochrista striata* Bremer & Grey。

特征：翅展 28～50 mm。头、前翅底色黄，脉间散布红色短带。前翅基点、亚基点黑色，内线由黑灰色点连成，中线黑灰点不相连，外线黑灰点较粗，在中室外折角后向内斜至后缘，并在中室外分叉至翅顶前，前翅、后翅缘毛黄色。

分布：吉林、河北、山东、甘肃、陕西、江苏、浙江、江西、湖北、福建、广东、广西、海南、四川、云南。

135. 之美苔蛾

分类：鳞翅目、灯蛾科、苔蛾亚科、美苔蛾属。

学名：*Miltochrista ziczac* Walker。

特征：翅展 19～30 mm。前翅表面白色，中央具连续的"之"字形黑色线条，最大特征为前缘外段与外缘具连接的桃红色边带。雌雄差异不大。成虫生活在低海拔、中海拔山区。夜晚具趋光性。

分布：山西、江苏、浙江、福建、江西、湖北、湖南、广东、广西。

136. 灰土苔蛾

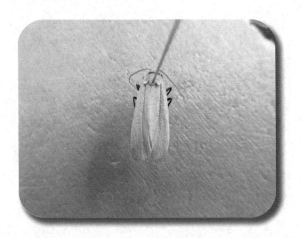

分类：鳞翅目、灯蛾科、苔蛾亚科、土苔蛾属。

学名：*Eilema griseola* Hübner。

特征：体长 10 mm，翅展 30 mm。体浅灰色；头浅黄色，胸灰色，腹部灰色，末端及腹面黄色；前翅前缘带黄色，通常很窄，前缘基部黑边，翅顶缘毛通常黄色；后翅黄灰色，端部及缘毛黄色。

分布：黑龙江、吉林、辽宁、北京、山西、甘肃、陕西、山东、安徽、浙江、福建、江西、湖南、广西、云南。

137. 黑长斑苔蛾

分类：鳞翅目、灯蛾科、苏苔蛾属。

学名：*Thysanoptyx incurvata* Wileman & West。

特征：翅展 34～44 mm。翅型瘦长,翅色灰白色,前胸背板具黑色分布,前翅近后缘有 1 条黑色宽广的纵带,近前缘后端有 1 个弯状黑斑,停栖时两翅相叠。

分布：江西、云南、台湾。

138. 圆斑苏苔蛾

分类：鳞翅目、灯蛾科、苔蛾亚科、苏苔蛾属。

学名：*Thysanoptyx signata* Walker。

特征：雄蛾翅展 26～40 mm，雌蛾翅展 27～42 mm。前翅灰黄色，前缘区外线点以内色较浅，外线黑点位于前缘上，中室末端下方至近后缘处具黑色大圆斑，反面中域暗褐色，其余黄色；后翅黄色。

分布：浙江、湖北、江西、湖南、福建、广西、四川、云南。

139. 大丽灯蛾

分类：鳞翅目、灯蛾科、大丽灯蛾属。

学名：*Aglaomorpha histrio* Walker。

特征：翅展 66～100 mm。头、胸、腹橙色，头顶中央有 1 个小黑斑，触角黑色，颈板橙色，中间有 1 个闪光大黑斑，翅基片闪光黑色，胸部有闪光黑色纵斑，腹部背面具黑色横带。前翅闪光黑色，前缘区从基部至外线处有 4 个黄白斑；后翅橙色中室中部下方至后缘有 1 条黑带，横脉纹为大黑斑，其下方有 2 个黑斑，在亚中褶外缘处有 1 个黑斑。成虫生活在低海拔、中海拔山区。白天喜访花，夜晚具趋光性。

分布：江苏、浙江、湖北、江西、湖南、福建、台湾、四川、云南。

140. 红缘灯蛾

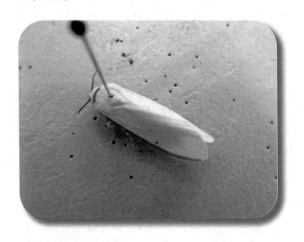

分类：鳞翅目、灯蛾科、缘灯蛾属。

学名：*Amsacta lactinea* Cramer。

别名：红袖灯蛾、红边灯蛾。

特征：体长 18～20 mm。雄蛾翅展 46～56 mm，雌雄翅展 52～64 mm。体、翅白色，前翅前缘及颈板端部红色，腹部背面除基节及肛毛簇外橙黄色，并有黑色横带，侧面具黑纵带，亚侧面一列黑点，腹面白色。前翅中室上角常具黑点；后翅横脉纹常为黑色新月形纹，亚端点黑色，1～4 个或无。

分布：辽宁、河北、山西、陕西、山东、河南、安徽、江苏、浙江、福建、江西、湖北、湖南、广东、海南、广西、四川、云南、西藏、台湾。

141. 黑条灰灯蛾

分类：鳞翅目、灯蛾科、灰灯蛾属。

学名：*Creatonotos gangis* Linnaeus。

特征：翅展 36～46 mm。头、胸淡红灰色，下唇须及额黑色，颈板及胸部具有黑色纵带。腹部背面红色，背面与侧面具有黑点列，腹面黑色。前翅淡红灰色，中室上、下角各具 1 个黑点，中室下方近基部至 Cu1 脉中部有 1 条黑带，黑带的基部窄、端部宽。白天躲在较暗处和杂草丛中，天暗时只要见到光亮就快速飞去。

分布：辽宁、江苏、浙江、江西、福建、湖北、湖南、广东、广西、四川、云南、台湾。

142. 八点灰灯蛾

分类：鳞翅目、灯蛾科、灰灯蛾属。

学名：*Creatonotos transiens* Walker。

特征：体长 18 mm，翅展 38～54 mm。头、胸白色稍染褐色，触角黑色，腹背面橙色，腹末及腹面白色，腹背面、侧面和亚侧面具有黑点列。前翅白色，除前缘及翅脉外染暗褐色，中室上、下角内、外方各有 1 个黑点；后翅白色或暗褐色，有时具黑色亚端点数个。成虫晚间活动，把卵产在叶背或叶脉附近，卵数粒或数十粒在一起，每只雌蛾可产卵 100 多粒。

分布：中国的华东、华中、华南，包括山西、陕西、台湾、内蒙古、福建、广西、四川、云南、西藏。

143. 粉蝶灯蛾

分类：鳞翅目、灯蛾科、蝶灯蛾属。

学名：*Nyctemera adversata* Schaller。

特征：翅展 44~56 mm。头部及前胸背板橙黄色，具数个大小不一的圆斑，触角黑色。前翅白色，翅脉暗褐色，中室中部有 1 条暗褐色横纹，中室端部有 1 个暗褐色斑，Cu2 脉基部至后缘上方有暗褐纹，Sc 脉末端起至 Cu2 脉之间为暗褐色斑，臀角上方有 1 个暗褐色斑，臀角上方至翅顶缘毛暗褐色；后翅白色，中室下角处有 1 个暗褐斑，亚端线有暗褐斑纹 4~5 个。成虫生活在平地至中海拔山区。白天喜访花，夜晚具趋光性。危害柑桔、无花果等。

分布：浙江、江西、湖南、广东、广西、河南、重庆、四川、贵州、云南、西藏、台湾。

144. 尘污灯蛾

分类：鳞翅目、灯蛾科、污灯蛾属。

学名：*Spilarctia obliqua* Walker。

别名：尘白灯蛾、人纹灯蛾。

特征：中等大小，浅黄色，下唇须上方基部红色，上方和端部黑色，额的两边黑色，触角黑色，胸部背面有的具1条黑带。前翅外线具1列斜的黑点，翅背面中室端具黑点，前缘和翅中央具红色；后翅中室端有黑点。双翅合拢时呈"人"字形，翅外缘有时生黑色亚端点。成虫夜间活动，趋光性较明显。

分布：江苏、福建、四川、云南、湖北。

145. 人纹污灯蛾

分类： 鳞翅目、灯蛾科、污灯蛾属。

学名： *Spilarctia subcarnea* Walker。

别名： 红腹白灯蛾。

特征： 雄蛾体长 17～20 mm，翅展 46～50 mm；雌蛾体长 20～23 mm，翅展 55～58 mm。雄蛾触角短、锯齿状；蛾虫触角羽毛状。头、胸黄白色，腹部背面呈红色。前翅黄白色，外缘至后缘有 1 斜列黑点，两翅合拢时呈"人"字形；后翅微带红色或白色。前后翅背面均为淡红色。

分布： 台湾、广东、广西、云南、贵州、四川、湖南、江西、浙江、江苏、安徽、河南、陕西、甘肃、西藏。

146. 狭翅鹿蛾

分类: 鳞翅目、裳蛾科、灯蛾亚科、鹿蛾属。

学名: *Amata hirayamae* Matsumura。

别名: 明窗鹿蛾。

特征: 翅展 28～40 mm,翅面黑色,后翅窄小,仅为前翅的 1/3,前翅有 6～7 个透空的翅室。触角黑色,端部白色。腹部黑色,每节具黄斑,腹端呈黄色。日行性,喜访花,模拟胡蜂的形态以防止天敌捕食。

分布: 江西、广东。

147. 齿斑畸夜蛾

分类：鳞翅目、夜蛾科、畸夜蛾属。

学名：*Bocula quadrilineata* Walker。

特征：体长 12 mm，翅展 28 mm。头部与胸部灰褐色。前翅基线直，黑褐色，自前缘脉至亚中褶，内线黑褐色，直线内斜，中线双线黑褐色，内弯，外线微内弯，黑褐色，端区有 1 个大黑斑，约呈三角形，前端为 1 个短钩；后翅深褐色。腹部灰褐色。

分布：江西、浙江、福建、广西、四川。

148. 三斑蕊夜蛾

分类：鳞翅目、夜蛾科、斑蕊夜蛾属。

学名：*Cymatophoropsis trimaculata* Bremer。

特征：体长 15 mm 左右，翅展 35 mm 左右。头部黑褐色；胸部白色，腹部灰褐色，前后端带白色。前翅黑褐色，基部、顶角及臀角各一大斑，底色白，中有暗褐色，基部斑最大，外缘波曲外弯，斑外缘毛白色，其余黑褐色，2 脉端部外缘毛有一白点；后翅褐色，横脉纹及外线暗褐色。成虫趋光性强。卵单产于叶梢上。幼虫白天栖息于枝条，晚上取食。

分布：辽宁、吉林、黑龙江、内蒙古、北京、天津、河北、河南、山东、山西、四川、贵州、云南、西藏。

149. 三角洛瘤蛾

分类：鳞翅目、夜蛾科、瘤蛾亚科、瘤蛾族、洛瘤蛾属。

学名：*Meganola triangulalis* Leech。

特征：体型小型，翅展 20 mm 左右。前翅淡灰色，近基部及中室近前
缘端有黑褐方斑，外线有 2 条黑色，上列锯齿状，下列直线状，
亚端线模糊状不规则，端线由斑点排列。分布于海拔约
1 000 m 的山区。白天平贴在树干上或隙缝里，夜晚有些个体
会趋光。

分布：中国西南地区以及台湾。

150. 魔目夜蛾

分类： 鳞翅目、夜蛾科、目夜蛾属。

学名： *Erebus ephesperis* Hubner。

别名： 玉钳魔目夜蛾。

特征： 翅展 77～90 mm。前翅黑褐色，中央有 1 个大型的拟眼纹，内侧下方具白色宽型带纹，外宽内窄，外线为白色细带，与后翅细带在停栖时相连，近顶角端各有 1 个长条状白斑，亚端线灰白色齿轮状，具立体斑影。成虫生活在低海拔、中海拔地区。夜晚具趋光性。

分布： 湖北、江西、四川、广东。

151. 蚪目夜蛾

分类：鳞翅目、夜蛾科、蚪目夜蛾属。

学名：*Metopta rectlfasciata* Ménétrès。

特征：体长 21～23 mm，翅展 58～61 mm。头部及胸部暗褐色，腹部深褐色。前翅棕褐色，微紫，前缘区带灰色，内线黑褐色波浪形，肾纹灰褐色，两侧边黑色及白色，后部外伸成三裂形，中线黑色衬白色，自肾纹前端半圆形外弯，至 2 脉近基部折向后垂，肾纹内侧中室棕黑色，外线双线白色，直线内斜，与中线之间大部棕黑色，亚端线白色，外侧衬棕黑色，不规则弯曲，在 3、4 脉及 7、8 脉后明显外突；后翅棕褐色，外线为直白带，亚端线白色锯齿形，两线间翅脉白色。

分布：江苏、浙江、江西、湖南、福建、台湾。

152. 木叶夜蛾

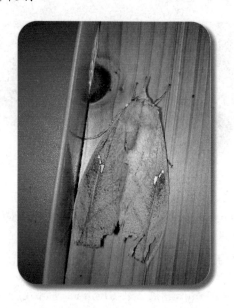

分类：鳞翅目、夜蛾科、木叶夜蛾属。

学名： *Xylophylla punctifascia* Leech。

别名：斑木叶夜蛾。

特征：体长 38～40 mm，翅展 106～110 mm。头部及胸部褐色，前、中足胫节基部各有 1 个银白斑，前、中足跗节基部有银白色。前翅灰褐色，布有细黑点，肾纹外的黑点密而粗，中室中部有 1 个黑圆点，肾纹由 2 个银白斑组成，前一斑窄而微钩，后一斑三角形，肾纹至顶角有 1 条褐线，中线褐色，外斜至肾纹，外线双线褐色，折角于肾纹至顶角的纵线，其后内斜，亚端线褐色，曲度与外线相似；后翅灰褐色，外线由一列黄圆斑组成，其周围为黑褐色。腹部灰褐色。

分布：湖北、浙江、江西、四川、云南。

153. 木兰青凤蝶

分类: 鳞翅目、凤蝶科、青凤蝶属。

学名: *Graphium doson* C. & R. Felder。

别名: 樟青凤蝶、青带樟凤蝶、蓝带青凤蝶、青带凤蝶。

特征: 翅展 65~75 mm。体背面黑色,腹面灰白色。翅黑色或浅黑色,斑纹淡绿色。前翅中室有 5 个粗细长短不一的斑纹;亚外缘区有 1 列小斑;亚顶角有单独 1 个小斑;中区有 1 列斑,此斑列除第三个外从前缘到后缘大致逐斑递增;中室下方还有 1 个细长的斑,中间被脉纹分割。后翅前缘斑灰白色,基部 1/4 断开,紧接其下还有 2 个长斑,走向臀角;亚外缘区有 1 列小斑;外缘波状,波谷镶白边。翅反面黑褐色,部分斑纹银白色,在前翅中室及亚外缘区的斑列有银白色边。后翅中后区的下半部有 3~4 个红色斑纹,有的内缘还有 1 条红斑纹。

分布: 陕西、四川、云南、海南、广东、广西、江西、福建、台湾。

154. 宽带青凤蝶

分类：鳞翅目、凤蝶科、青凤蝶属。

学名：*Graphium cloanthus* Cramer。

别名：台湾青条凤蝶、凤尾青凤蝶、长尾青凤蝶。

特征：翅展 50~60 mm，翅黑褐色。前翅有 1 列青绿色斑组成的横带，从翅顶角斜至中部，并且延续至后翅，使前翅与后翅正面形成 1 条青斑带（带的宽度比青凤蝶大）。后翅外缘波状，有尾突。

分布：中国南方各省及华北地区。

155. 青凤蝶

分类：鳞翅目、凤蝶科、青凤蝶属。

学名：*Graphium sarpedon* Linnaeus。

别名：樟青凤蝶、青带樟凤蝶、蓝带青凤蝶、青带凤蝶。

特征：翅展 70～85 mm。翅黑色或浅黑色。前翅有 1 列青蓝色的方斑，从顶角内侧开始，斜向后缘中部，从前缘向后缘逐斑递增。后翅前缘中部到后缘中部有 3 个斑，其中近前缘的 1 个斑为白色或淡青白色；前翅背面除色淡外，其余与正面相似。无尾突。后翅背面的基部有 1 条红色短线，中后区有数条红色斑纹，其他与正面相似。有春型和夏型之分，春型稍小，翅面青蓝色斑列稍宽。

分布：陕西、西川、西藏、云南、贵州、湖北、湖南、重庆、江西、江苏、浙江、海南、广东、福建、台湾、香港。

156. 金凤蝶

分类: 鳞翅目、凤蝶科、凤蝶属。

学名: *Papilio machaon* Linnaeus。

别名: 黄凤蝶、茴香凤蝶、胡萝卜凤蝶、燕尾凤蝶。

特征: 翅展 90~120 mm。体黑色或黑褐色,翅金黄色带黑斑,有细小的尾突。前翅正中室基半部具有细小的颗粒状黑点,后翅臀角黄斑内无黑色瞳点。翅背面基本被黄色斑占据,蓝色斑比正面清楚。

分布: 黑龙江、吉林、辽宁、河北、河南、山东、新疆、山西、陕西、甘肃、青海、云南、四川、西藏、江西、浙江、广东、广西、福建、台湾。

157. 玉带美凤蝶

分类：鳞翅目、凤蝶科、美凤蝶属。

学名：Papilio polytes Linnaeus。

别名：玉带凤蝶、黑凤蝶、白带凤蝶、缟凤蝶。

特征：翅展 95～111 mm。雌雄异型。雄蝶体及翅黑色，翅外缘有1 列白斑。后翅中部有横向的白斑列排成玉带状，有尾突。雌蝶多型，常见白斑型、白带型和赤斑型。

分布：河北、山东、山西、甘肃、陕西、河南、青海、四川、云南、贵州、西藏、湖北、湖南、江西、江苏、安徽、浙江、海南、广东、广西、福建、台湾。

158. 柑橘凤蝶

分类:鳞翅目、凤蝶科、凤蝶属。

学名:_Papilio xuthus_ Linnaeus。

别名:橘凤蝶、橘黄凤蝶、花椒凤蝶、燕凤蝶、凤子蝶、黄菠萝凤蝶。

特征:翅展 61~95 mm。成虫翅面浅黄绿色,脉纹两侧黑色;前后翅外缘有黑色宽带,宽带中有月形斑。臀角一般有 1 个带黑点的橙色圆斑。成虫喜访花。

分布:全国。

159. 宽边黄粉蝶

分类：鳞翅目、粉蝶科、黄粉蝶属。

学名：*Eurema hecabe* Linnaeus。

别名：蝶黄蝶、荷氏黄蝶。

特征：翅展 45 mm 左右。翅深黄色或黄白色,前翅外缘有宽黑褐带,直到后角;后翅外缘黑色带窄,且界限模糊;翅背面散布褐色小点。

分布：中国广布种,分布于华北、华东、华南、中南、西南。

160. 东方菜粉蝶

分类：鳞翅目、粉蝶科、粉蝶属。

学名：*Pieris canidia* Sparrman。

别名：多点菜粉蝶、东方粉蝶、黑缘粉蝶。

特征：翅展 45~60 mm。前后翅外缘有黑色斑（前翅外缘近端部有 3~4 个三角形的黑斑相连），翅腹面较翅面偏黄。雄蝶前后翅外缘的黑色斑点较小，前翅近后缘的黑斑常消失或不明显；雌蝶前后翅外缘的黑色斑点较大，前翅近后缘有 1 个明显的大黑斑。

分布：中国大部分地区。

161. 苎麻珍蝶

分类：鳞翅目、珍蝶科、珍蝶属。

学名：*Acraca issorie* Hübner。

特征：体长 16～26 mm，翅展 53～70 mm，体翅棕黄色。前翅前缘、外缘灰褐色，外缘内有灰褐色锯齿状纹，外缘具黄色斑 7～9个；后翅外缘生灰褐色锯齿状纹，并具三角形棕黄色斑 8 个。

分布：华中、华东、华南、西南。

162. 斐豹蛱蝶

分类：鳞翅目、蛱蝶科、斐豹蛱蝶属。

学名：*Argyreus hyperbius* Linnaeus。

别名：黑端豹斑蝶、斐胥蛱蝶。

特征：雄、雌异形，雌蝶外形模仿有毒的金斑蝶。雄蝶翅展 66 mm，翅面红黄色，布满黑色豹斑，前翅外缘脉端有菱形小斑，中室内有 4 条横纹；后翅面外缘黑斑带，内具蓝白色细纹，反面亚缘带内侧有 5 个灰白色瞳点的眼斑，中室黄绿色斑中心灰白色，眼斑外围有黑线。雌蝶翅展 71 mm，前翅面端半部紫黑色，有 1 条宽的白色斜带，顶角有几个白色小斑。

分布：除新疆、西藏、黑龙江、吉林、辽宁外，全国广泛分布。

163. 白带螯蛱蝶

分类：鳞翅目、蛱蝶科、螯蛱蝶属。

学名：*Charaxes bernardus* Fabricius。

别名：樟白纹蛱蝶、茶褐樟蛱蝶。

特征：翅正面红棕色或黄褐色，背面棕褐色。前翅正面有宽阔的白色中带，背面底色斑驳，中域底色较其他区域为淡，隐约可见一些淡色斑块连成不规则的带状。

分布：四川、云南、浙江、江西、湖南、福建、广东、海南、香港。

164. 布翠蛱蝶

分类：鳞翅目、蛱蝶科、翠蛱蝶属。

学名：*Euthalia bunzoi* Sugiyama。

特征：属中型蛱蝶。雄蝶翅面呈青铜色，有金属光泽，呈青绿色。前翅中室内有深色横纹，中室外及近顶角处有数个白斑，后翅黄斑中室端部具 1 个黑色缺列。雌蝶翅面呈青铜色，后翅中室有明显的缺刻，翅背面呈淡绿色。

分布：浙江、福建、江西、湖南、四川、重庆、云南、广西、广东、甘肃。

165. 黑脉蛱蝶

分类：鳞翅目、蛱蝶科、脉蛱蝶属。

学名：*Hestina assimilis* Linnaeus。

特征：翅黑色，布满青白色斑纹，后翅亚外缘后半部有 4～5 个红色斑纹，有些红斑内有黑点；外缘后半部微向内凹，雄蝶尤为明显。翅背面的斑纹、色彩同正面。雌雄外观几近相同，区分时以观察前足跗节较为可靠。

分布：福建、黑龙江、辽宁、甘肃、河北、山西、陕西、山东、河南、湖北、浙江、江苏、江西、湖南、台湾、广东、广西、四川、云南、西藏。

166. 美眼蛱蝶

分类:鳞翅目、蛱蝶科、眼蛱蝶属。

学名:*Junonia almana* Linnaeus。

别名:猫眼蛱蝶、孔雀眼蛱、蝶猫眼蝶、蓑衣蝶。

特征:翅展 45~54 mm;翅正面橙红色,背面黄褐色。前后翅外缘各有 3 条黑褐色波状线,翅面有 1 大 1 小两眼状纹。前翅眼斑上小下大,后翅眼斑上大下小,雌蝶只呈小的线圈。该种分夏型和秋型:夏型翅缘较整齐,背面眼斑明显;秋型翅缘有突起,背面呈枯叶状。

分布:陕西、西藏、河北、江苏、浙江、安徽、河南、四川、重庆、云南、贵州、湖北、湖南、福建、江西、广东、桂林、海南、台湾、香港。

167. 翠蓝眼蛱蝶

分类：鳞翅目、蛱蝶科、眼蛱蝶属。

学名：*Junonia orithya* Linnaeus。

别名：青眼蛱蝶、孔雀青蛱蝶。

特征：翅展 50～60 mm。雄蝶正面蓝色，雌蝶则蓝色区域较少，具有美丽的眼斑。有一定的季节型差异，高温型翅背面土褐色，低温型背面则为深褐色或棕褐色。雄蝶雌蝶前翅近顶角均有1条短斜带。

分布：陕西、河南、江西、湖北、湖南、浙江、云南、四川、重庆、贵州、广西、广东、香港、福建、台湾。

168. 二尾蛱蝶

分类：鳞翅目、蛱蝶科、尾蛱蝶属。

学名：*Polyura narcaeus* Hewitson。

别名：弓箭蝶。

特征：翅淡绿色，前后翅都具有黑色外中带：前翅外中带与外缘之间有 1 列略微相连的淡绿色圆斑，后翅外中带至外缘部分为宽阔连贯的淡绿色区。喜吸食粪便、腐烂水果。

分布：东北、华北、华东、华南、中南、西南。

169. 曲纹紫灰蝶

分类：鳞翅目、灰蝶科、紫灰蝶属。

学名：*Chilades pandava* Horsfield。

别名：苏铁绮灰蝶、苏铁小灰蝶。

特征：属小型蝶种。成虫翅展 22～29 mm。雄蝶正面紫蓝色，黑边窄；雌蝶正面仅中域为蓝色。背面淡棕色，后翅除了近前缘有 2 个黑点外，近基部也有清晰的黑点，尾突细长，端部白色。

分布：陕西、四川、江西、福建、广西、广东、贵州、云南、台湾。

170. 蚜灰蝶

分类：鳞翅目、灰蝶科、蚜灰蝶属。

学名：*Taraka hamada* Druce。

别名：棋石灰蝶。

特征：翅展 21～26 mm。翅黑褐色，无斑纹，缘毛黑白相间。背面白色，前后翅各散布 20 余个黑斑，翅中央黑斑较大，排成不规则纵列。雌蝶前翅顶角圆，雄蝶较尖。

分布：中国南部地区。

§ 4.2 两栖纲

4.2.1　无尾目

1. 中华大蟾蜍

分类： 无尾目、蟾蜍科、蟾蜍属。

学名： *Bufo gargarizans*。

别名： 癞蛤蟆、黄蛤。

特征： 形如蛙，体粗壮，体长 10 cm 以上。雄性较小，皮肤粗糙，全身布满大小不等的圆形瘰疣。在生殖季节，雄

性背面多为黑绿色，体侧有浅色的斑纹；雌性背面色较浅，瘰疣为乳黄色，有时自眼后沿体侧有斜行的黑色纵斑；腹面不光滑，乳黄色，有棕色或黑色的细花斑。头宽大，口阔，吻端圆，吻棱显著。舌分叉，可随时翻出嘴外，自如地把食物卷入口中。舌面含有大量黏液。近吻端有小的鼻孔 1 对。眼大而突出，对活动着的物体较敏感，对静止的物体迟钝。眼后方有圆形鼓膜，有耳后腺，但眼眶周围无黑色骨质棱。前肢长而粗壮，指、趾略扁，指侧微有缘膜而无蹼；指长顺序为 3、1、4、2；指关节下瘤多成对，掌突 2，外侧者大。后肢粗壮而短，胫跗关节前达肩部，趾侧有缘膜，蹼尚发达，内跖突形长而大，外跖突小而圆。雄性前肢内侧 3 指有黑婚垫，无声囊。

分布： 分布广泛，而且在不同海拔的各种生境中数量很多；江西武夷山在海拔 700 m 以上较为常见。

2. 崇安髭蟾

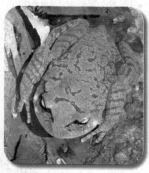

分类: 无尾目、始蛙亚目、锄足蟾科、角蟾亚科、髭蟾属。

学名: *Vibrissaphora liui* Pope。

别名: 挂墩髭蟾、角蛙。

特征: 体长 68～90 mm。头扁平,头宽大于头长。吻宽圆,吻棱明显。颊部略凹;瞳孔纵置;眼的上半呈黄棕色,下半呈蓝紫色;鼓膜隐蔽;上颌有齿,无犁骨齿;舌宽大,后端缺刻深。背部皮肤上的小痣粒构成细肤棱,交织成网状;腹面及体侧布满浅色小痣。生活时头和体背为棕褐色,有许多不规则的黑细斑。雄性上唇缘每侧有 1 个黑色锥状刺,而雌性的相应部位为橘红点。平时藏匿在岩洞中,很难见到。农历 10 月,雄性发出鹅叫般的宏亮鸣声招引雌性。冬季产卵在洞里,灰白色圆饼状的卵片黏附在石块上。卵片在溪水中 1 个月后,小蝌蚪出世。小蝌蚪的背上有灰白色"Y"形标志。成长很慢,从蝌蚪到成蛙需要 3 年时间。

分布: 原产于福建省武夷山挂墩,分布在以挂墩为中心的崇安、光泽和建阳三县交界处。栖息于海拔 800～1 000 m 林木繁茂的溪流及其附近;也分布于福建、浙江、江西,贵州(梵净山)。属我国特有的珍稀蟾类。2005 年被世界自然保护联盟红色名录列为濒危等级。

3. 三港雨蛙

分类：无尾目、雨蛙科、雨蛙属。

学名：*Hyla sanchiangensis*。

特征：似中国雨蛙，成体体长 35 mm 左右。指、趾末端膨大成平扁的吸盘。背面纯绿色，体侧及腹部前后均有黑斑。鼓膜上下方各有 1 条黑线向后，并互相平行延伸。常攀栖于灌木丛、竹林、高杆作物上，捕食各种害虫。

分布：生活在海拔 800～1 000 m 的山区。分布于浙江、安徽、福建、江西、湖南、广西、贵州、广东。该物种的模式标本产地在福建武夷山三港。

4. 弹琴蛙

分类：无尾目、蛙科、拇棘蛙属。

学名：*Babina adenopleura* Boulenger。

别名：田狗、仙姑弹琴。

特征：体长平均 45 mm（雄蛙）及 47 mm（雌蛙）。躯体较肥硕。背部棕黄色，似沼蛙，但有断断续续的背中线。头长略大于头宽，头部扁平，吻端突出于下唇，吻棱明显。鼓膜大。犁骨齿为两短斜行。舌后端缺刻深。皮肤较光滑，背侧鳍显著，背部后端有少许扁平疣，腹面无滑，肛周围有扁平疣。成蛙白昼隐匿于石缝间，阴雨天、夜间外出活动较多，有的在洞口或草丛中鸣叫，由 2～3 声"咕、咕、咕"组成，鸣声低沉。

分布：生活于海拔 30～1 800 m 山区的梯田、水草地、水塘及其附近。分布于台湾、浙江、安徽、福建、江西、湖南、广东、广西、海南、贵州等地。该物种的模式标本产地在台湾。

5. 黑斑蛙

分类：蛙科、侧褶蛙属。

学名：*Pelophylax nigromaculatus*。

别名：青蛙、田鸡。

特征：成蛙体长为 7～8 cm，雄性略小，头长略大于头宽，吻钝圆而略尖，吻棱不显。前肢短，后肢较短而肥硕，胫关节前达眼部，趾间几乎为全蹼。成体背部颜色为深绿色、黄绿色或棕灰色，具有不规则的黑斑，有两条金黄色的背侧褶，但股后无金黄色纵纹。腹部颜色为白色、无斑。

分布：在中国分布于除海南、云南、台湾以外各省区。2004 年被世界自然保护联盟红色名录列为濒危等级。

6. 泽蛙

分类：无尾目、蛙科、蛙属。

学名：*Rana limnocharis* Boie。

别名：黄牌、蛤蟆仔、田蛙仔、洋迷、暗尾。

特征：外形似虎纹蛙而体形小，体长 50～55 mm。趾间半蹼。吻部较尖，上下唇有 6～8 条黑纵纹；两眼间有"V"形黑斑；下颌前方两侧无齿状突。背上有"W"形黑斑，有的背部有 1 条白色中线。雄蛙有灰黑色单咽下外声囊，鸣声响亮，生活在稻田、沼泽、菜园附近。

分布：分布于秦岭以南的平原和丘陵地区，海拔 2 000 m 的山区也有分布。

7. 福建大头蛙

分类：无尾目、蛙科、大头蛙属。

学名：*Limnonectes fujianensis* Ye and Fei。

特征：体型中型，粗壮，长 60～70 mm。头大扁平，长宽相等，头长约为体长的一半，故称为"大头蛙"。似泽蛙，但鼓膜不明显。吻端钝圆，上下颌有黑色纵纹，眼睛瞳孔菱形红色，鼓膜小而隐于皮下。眼后方的颞肌发达，颞褶明显，颞褶下方有黑色斜线纹。下颌前方两侧各有 1 个齿状突。背部变化大，有深褐色、灰棕色、红棕色或黄棕色。两眼间有深色横带，有黑色"W"形或倒"V"形黑斑。腹侧及腰部有黄色花斑。皮肤光滑，但散有许多棒状疣粒，体侧及后背部有小圆疣。腹部光滑，白色，咽喉部及四肢腹面有许多黑棕色斑点。前肢粗短，有黑横纹。指细短，指间无蹼，有 3 个掌突。后肢短而粗壮，有黑横纹。趾间全蹼，内跖突窄长，无外跖突。雄性体形比雌性大，颞肌发达，所以头部比较大，下颌两个齿突也比雌性明显。雄蛙第一、第二指上有黑灰色。

分布：分布于台湾、浙江、福建、江西、湖南、广东、广西、云南等地，主要生活于静水域的水塘水沟。

8. 棘胸蛙

分类: 无尾目、蛙科、蛙属。

学名: *Quasipaa spinosa* David。

别名: 谷冻、石冻、石降、石鳞、石润、坑降、坑冻。

特征: 雄性胸部密布黑刺。全身被灰黑色,皮肤粗糙,背部有许多疣状物,多成行排列而不规则。雄大雌小,雄蛙体长 80~120 mm,体重可达 250~750 g。头扁而宽,吻端圆,吻棱不显;鼻孔位于吻与眼之间;眼间距小于鼻间距;两眼后端有横置的肤沟,颞褶极显著;背部涂棕色,两眼间有一黑横纹,上下唇边缘有黑纵纹。雄蛙有 1 对咽侧内声囊。胸部满布分散的大刺疣,刺疣中央有角质黑刺。指、趾末端圆球状,趾间具全蹼。前肢粗壮,指端膨大成圆球形,指侧有厚缘膜;关节下瘤及掌突均发达,第一指基部粗大,内侧 3 指均有黑刺。后肢肥硕,胫趾关节前伸可达眼部,跗褶明显;趾间全蹼,第一、第五趾的游离缘有膜;关节下瘤发达;内耳突发达,无外耳突。棘胸蛙是中国特有的大型野生蛙。属水栖型中流水生活型蛙类,并喜穴居生活。主要分布在南方,是南方丘陵山区生长的一种名贵山珍,因其肉质细腻且富含丰富的矿物质元素,所以被美食家称为"百蛙之王"。

分布: 分布于湖北、安徽、江苏、浙江、江西、湖南、福建、广东、香港和广西。在江西省分布广泛,尤以武夷山脉一带山区数量多。

9. 花臭蛙

分类：无尾目、蛙科、臭蛙属。

学名：*Odorrana schmackeri*。

特征：中国特有物种。雄蛙体
长 43～47 mm，雌蛙体长
76～85 mm。头长略大于
头宽或几乎相等，头顶扁
平，瞳孔横椭圆形；上眼
睑、体后背部及后肢背面
均无小白刺，体侧无背侧
褶；指、趾具吸盘，纵径大

于横径，均有腹侧沟；体背面为绿色，间以棕褐色或褐黑色大
斑点，多近圆形并镶以浅色边。鼓膜大，约为第三指吸盘的
2 倍；犁骨齿呈两斜列。体和四肢背面较光滑或有疣粒，上眼
睑、体后和后肢背面均无白刺；体侧无背侧褶，胫部背面有纵
肤棱；体腹面光滑。指、趾具吸盘，纵径大于横径，均有腹侧
沟，第三指吸盘宽度不大于其下方指节的 2 倍；后肢较长，前
身贴体时胫跗关节达鼻孔或眼鼻之间，胫长超过体长一半，左
右跟部重叠颇多；无跗褶，趾间全蹼，蹼缘缺刻深，第四趾第二
个趾节以缘膜达趾端。体背面为绿色，间以深棕色或褐黑色
大斑点，多近圆形，有的个体镶以浅色边，两眼间有 1 个小白
点；四肢有棕黑色横纹，股、胫部各有 5～6 条；体腹面乳白色
或乳黄色，咽胸部有浅棕色斑，四肢腹面肉红色。雄性在繁殖
季节胸、腹部有白色刺群，第一指婚垫灰色；有一对咽侧下外
声囊；仅背侧有雄性线。

分布：分布于河南（南部）、四川、重庆、贵州、湖北、安徽（南部）、江苏
（宜兴）、浙江、江西、湖南、广东、广西。其模式标本产地在湖
北宜昌。

10. 武夷湍蛙

分类：无尾目、蛙科、湍蛙属。

学名：*Amolops wuyiensis*。

特征：成体体长 45 mm 左右。指、趾末端有吸盘，吸盘边缘有横沟，但吸盘背面无"V"形骨迹，指吸盘不大于趾吸盘，无犁骨齿。雄性咽侧下有 1 对内声囊，大拇指内侧有黑色的婚刺；雌性无此特征。蝌蚪口部后方有 1 个马蹄形大吸盘，借以吸附在急流中的石块上。1964 年在福建省武夷山区的崇安县三港首次发现，经鉴定研究确定为湍蛙属的一个新种，命名为"武夷湍蛙"。

分布：常栖于海拔 700～800 m 处的溪流及其附近的草丛或石隙。分布于浙江、江西、安徽、福建等地。该物种的模式产地在福建武夷山三港。

4.2.2　有尾目

11. 中国大鲵

分类：有尾目、隐鳃鲵科、大鲵属。

学名：$Andrias\ davidianus$。

别名：娃娃鱼。

特征：有尾目中最大的一种，两栖动物中体型最大，全长可达 1 m 及以上，体重最重可超 100 斤。外形有点类似蜥蜴，只是相比之下更肥壮扁平。幼时用鳃呼吸，长大后用肺呼吸。头部扁平、钝圆，口大，眼小且不发达，无眼睑。身体前部扁平，至尾部逐渐转为侧扁，体两侧有明显的肤褶。四肢短扁，指、趾"前四后五"，具微蹼。尾圆形，尾上下有鳍状物。体色可随环境不同而变化，一般多呈灰褐色。体表光滑无鳞，但有各种斑纹，布满黏液。身体腹面颜色浅淡。栖息于山区的溪流之中，在水质清澈、含沙量不大、水流湍急并且要有回流水的洞穴中生活。

分布：主要分布在长江、黄河以及珠江流域中上游支流的山涧溪流中。属中国珍稀野生两栖动物，国家二级保护动物。

12. 中国小鲵

分类：有尾目、小鲵科、小鲵属。

学名：*Hynobius chinensis*。

特征：全长 83～155 mm，尾短于头体长。背面为均匀一致的角黑色；腹面浅褐色，散以深色斑。头长大于头宽，吻端圆；眼背侧位，瞳孔圆形；鼻孔略近吻端，鼻间距略大于或等于眼间距；无唇褶，有喉褶；犁骨齿列呈"V"形，内外枝交角略超出内鼻孔前缘，内枝在后端靠近但不相连接。躯干粗短而略呈圆柱形。四肢较长，贴体相向时指、趾相遇，四指五趾，较平扁，游离无蹼，掌跖指趾均无角质鞘。尾基部略圆，往后侧扁，末端刀片状。

分布：分布于湖北、浙江、福建、湖南。属中国特有种。

13. 东方蝾螈

分类: 有尾目、蝾螈科、蝾螈属。

学名: *Cynops orientalis*。

别名: 四脚蛇、四脚泥鳅、中国火龙。

特征: 雄螈全长 66 mm,雌螈长 80 mm 左右。头部平扁,头长大于头宽;吻端钝圆,吻棱较明显,颊部略斜出;鼻孔近吻端,鼻间距小于眼径或眼间距,眼径与吻长几乎相等;上唇褶在近口角处较为明显;犁骨齿列呈"八"字形;背面及体侧黑色,腹面有橘黄色和黑色交织的斑纹。指、趾较细长。其上皮呈黑色凸起,下皮呈橘红色,有黑色斑点。多数为观赏性蝾螈,因其含河豚素,禁止食用及喂食。其躯体较小,泄殖腔孔隆起,孔裂缝长,内侧可看见明显的绒毛状突起的是雄蝾螈;躯体较大,腹部肥大,泄殖腔孔平伏,孔裂较短,内侧没有突起的是雌蝾螈。该物种为中国特有种。

分布: 分布于中国的中部及东部,广泛分布在江苏、浙江、安徽、江西、福建、湖北、湖南、河南等地。

14. 黑斑肥螈

分类: 有尾目、蝾螈科、肥螈属。

学名: *Pachytriton brevipes*。

别名: 四脚蛇、山泥鳅、山黄鳅。

特征: 雄螈全长 155～193 mm,雌螈长 160～185 mm。头部略扁平,吻端钝圆,头侧无脊棱,唇褶发达,吻长大于眼径,犁骨齿列呈"∧"形。皮肤光滑,背面及体侧棕色,上面密布黑色斑点。四肢较短,前后肢贴体相对时,指、趾端间距超过后足之长度;指、趾"前四后五",第五趾显然短小,趾侧缘膜较宽。尾与头体长几乎相等,尾鳍褶皱显著。体背部及两侧棕褐色或青黑色,腹面橘黄色或橘红色,周身满布棕褐色或褐黑色圆点,圆点的多少、大小、排列疏密有个体变异。

分布: 分布于浙江、江西、福建、安徽、广东、广西、湖南。

 § 4.3 爬行纲

4.3.1 龟鳖目

1. 平胸龟

分类：龟鳖目、平胸龟科、平胸龟属。

学名：*Platysternon megacephalum*。

别名：鹰嘴龟、大头龟、鹰龟。

特征：成年龟背甲长 120～180 mm，长椭圆形。龟壳扁平，头大尾长，不能缩入壳内。背甲有棕黄色、褐色、黑色、墨绿色等，背甲颜色与产地、环境、水质有关。尾长几乎与体长相等。趾间有半蹼，既利于陆地爬行，又便于水中游泳。

分布：分布于江苏、浙江、安徽、福建、江西、湖南、香港、广东、海南、广西、贵州及云南各地。

2. 乌龟

分类：龟鳖目、龟科、乌龟属。

学名：*Chincmys reevesii*。

特征：属现存古老的爬行动物。身上长有非常坚固的甲壳(长 10～
18 cm,宽 6～12 cm),头中等大;吻端向内侧下斜切;喙缘的角
质鞘较薄弱;下颚左右齿骨间的交角小于 90°。背甲具 3 条纵
棱。受袭击时可以把头、尾及四肢缩回龟壳内(除海龟和鳄
龟)。大多数均为肉食性,以蠕虫、螺类、虾及小鱼等为食,亦
食植物的茎叶。

分布：分布于河北、江苏、浙江、安徽、福建、江西、山东、河南、湖北、
湖南、香港、广东、广西、四川、贵州、云南、陕西、甘肃、台湾。

4.3.2　有鳞目

一、蜥蜴亚目

3. 丽棘蜥

分类：有鳞目、鬣蜥科、棘蜥属。

学名：*Acanthosaura lepidogaster*。

别名：蛇王、七步跳、丽眦蜥。

特征：头体长 62～100 mm，尾长 111～167 mm。吻棱及上睫脊明显，眶后棘、颈侧棘的长度不到眼径的一半。躯干侧扁，颈鬣发达，与背鬣不连续，呈锯齿状。多有喉囊及肩褶。鼓膜裸露，背鳞大小不一，大棱鳞分散排列，腹鳞较大，明显起棱。尾细长，基部膨大。四肢背面棱鳞较大，指、趾均有爪。雄性后肢前伸达眼部，而雌性仅达鼓膜。背面棕黑色，前背正中有 1 个菱形棕黑色斑；体侧及四肢浅绿色，四肢上有黄色斑；上下唇缘橘红色；尾部有棕黑色及浅黄色相间的环纹；腹面色浅淡，杂有黑斑。生活于海拔 400～1 000 m 的山区林下。

分布：分布于云南、广东、福建、贵州、海南、广西、江西等地。

4. 石龙子

分类: 有鳞目、石龙子科。

学名: *Eumeces chinensis* Gray。

别名: 蜥蜴、山龙子、守宫、石蜴、泉龙、猪婆蛇。

特征: 全长约 210 mm。周身被有覆瓦状排列的角质细鳞,鳞下分布骨片;鳞片质薄,光滑,鳞列 24～26 行。吻端圆凸,鼻孔 1 对,鼻后鳞缺如;眼分列于头部两侧,眼间距宽,有瞬膜;舌短,稍分叉。体背面黏土色,一般有 3 条纵走的淡灰色线;鳞片周缘淡灰色,呈现网状斑纹。四肢发达,前肢 5 指,后肢 5 趾,指、趾端均有钩爪。尾细长,末端尖锐,易断,断后能再生。

分布: 分布于长江流域和长江以南地区。

5. 蓝尾石龙子

分类： 有鳞目、石龙子科、石龙子属。

学名： *Plestiodon elegans* Boulenger。

特征： 属小型石龙子。体长 100～120 mm，体色底色为黑色，并从吻端到尾巴的基部缀有金色的长条纹，长尾巴则为鲜艳而显眼的蓝绿色或铁青色。性成熟个体体色的两性差异显著，成年雄性体长、头长和头宽显著大于成年雌性。幼体体长无显著的两性差异，成年雄体体长显著大于成年雌体。因此，个体大小的两性异形是性成熟后发生的。体长小于 50 mm 的幼体，头长和头宽无两性差异；当体长大于 50 mm 时，雄性头长和头宽随体长显著大于雌性，导致头部大小的两性异形，并随个体发育变得越来越显著。

分布： 常见于湖北、湖南、广东、广西、安徽、福建、江西、四川、辽宁、华北、台湾等地。

6. 崇安地蜥

分类：有鳞目、蜥蜴科、草蜥属。

学名：*Platyplacopus sylvaticus* Pope。

别名：崇安草蜥。

特征：中国特有的物种。背鳞较小，仅略大于侧鳞，且不成明显纵行，领围不发达，通体翠绿。头长为头宽的 2 倍，吻窄长，四肢短，尾细长。断尾求生是崇安地蜥的逃生绝活，一旦遇到危险或受到攻击，它会以自动断尾的方式迷惑对方、乘机跑掉。另外，其尾巴可以反复、自动地生长。

分布：属中国特有，分布于福建、江西、浙江、广东等地。该物种的模式产地为福建崇安。

二、蛇亚目

7. 赤链蛇

分类：有鳞目、蛇亚目、游蛇科、链蛇属。

学名：*Dinodon rufozonatum*。

别名：火赤链、红斑蛇、红麻子。

特征：全长 1～1.5 m。头较宽扁，头部黑色，枕部具红色"∧"形斑，体背黑褐色，具多数（60 以上）红色窄横斑，腹面灰黄色，腹鳞两侧杂以黑褐色点斑。眼较小，瞳孔直立，椭圆形。吻鳞高，从背面可以看到。鼻间鳞小，前端椭圆。额鳞短，长约等于自其前缘到鼻间鳞前缘的距离。颅顶鳞长而大，长为额鳞与前额鳞之和。微毒蛇，游蛇科被认定其毒腺为达氏腺。被咬后通常无激烈中毒反应；通常以伤口红肿、皮疹、荨麻疹为主的中毒过敏表现。

分布：分布于江西、浙江、安徽、湖南、广东、广西、湖北、辽宁、山东、台湾、河北、云南、福建、江苏、贵州、陕西、四川、山西、黑龙江、河南。

8. 王锦蛇

分类： 有鳞目、游蛇科、锦蛇属。

学名： *Elaphe carinata* Gunther。

别名： 菜花蛇。

特征： 典型的无毒蛇。头部有黑纹"王"字，多数体表呈黑、黄、白三色环纹，鳞间末多黄色，触摸有肌肉感且粗糙紧实。混杂黄花斑，似菜花，所以有"菜花蛇"之称。腹面黄色，腹鳞后缘有黑斑。多有后 1/3 无纹路，呈星点至尾尖。因公母、体色差异，变异不一。腹部多为黄色，手感平滑，全长可达 2.5 m 以上。幼体背面灰橄榄色，鳞缘微黑，枕后有 1 条短纵纹，黑色；腹面肉色。成体、幼体体色、斑纹很不相同，易误以为他种。

分布： 生活于平原、丘陵和山地，垂直分布范围为海拔 300～2 300 m。分布于河南、山东南部(以前分布较多，随着近年来生态环境的恶化和人为因素等，现在较为少见)、陕西、四川、云南、贵州、湖北、安徽、江苏、浙江、江西、湖南、福建、台湾、广东、广西等地。

9. 黑眉锦蛇

分类：有鳞目、游蛇科、曙蛇属。

学名：*Elaphe taeniura* Cope。

别名：家蛇、秤星蛇、菜花蛇。

特征：头和体背黄绿色或棕灰色。眼后各有 1 条明显的黑纹，延伸至颈部，状如黑眉，所以有"黑眉锦蛇"之称。体背的前、中段有黑色梯形或蝶状斑纹，略似秤星，故又名秤星蛇。由体背中段往后斑纹渐趋隐失，但有 4 条清晰的黑色纵带直达尾端，中央数行背鳞具弱棱。体长 1.7 m 以上，个别个体可以突破 2.5 m。

分布：善攀爬，生活在高山、平原、丘陵、草地、田园及村舍附近，也常在稻田、河边及草丛中，有时活动于农舍附近。全国均有分布。

10. 翠青蛇

分类: 有鳞目、游蛇科、翠青蛇属。

学名: *Cyclophiops major* Gümther。

特征: 全长 1 m 左右,身体绿色,吻端窄圆,鼻孔卵圆形,瞳孔圆形,背平滑无棱,仅雄性体后中央 5 行鳞片,偶有弱棱,通体 15 行。半阴茎不分叉;精沟不分叉,精沟外翻态走向为稍外斜到顶,萼片大,背有弱小刺;半阴茎外翻态近柱形。卵呈卵圆形,橙黄色。幼蛇身体带有黑色斑点。

分布: 垂直分布海拔最低 200 m、最高 1 700 m。在中国非常普遍,多出现在河北及甘肃以北的整个东部地区。

11. 崇安斜鳞蛇

分类：有鳞目、游蛇科、斜鳞蛇属。

学名：*Pseudoxenodon karlschmidti* Pope。

特征：体被黑灰色，背中央有[(20～27)＋(8～10)]个淡灰色斑纹，每斑纹宽 4～6 个鳞片。头背色较浅，无斑纹，颞区眼后黑带不明显。在颈部有一明显箭形黑斑，幼体该黑斑的两端黑纹非常明显，头部顶端呈红褐色；成体箭形斑不明显，其前缘镶以约 1 个鳞片宽的白纹。

分布：主要栖息于高山森林中，其生存的海拔范围为 700～1 170 m。分布于福建、海南、广西、贵州等地。该物种的模式产地为福建崇安。

12. 乌梢蛇

分类：有鳞目、游蛇科、乌梢蛇属。

学名：*Zaocys dhumnades* Cantor。

别名：乌蛇、青蛇、一溜黑、黑花蛇、乌风蛇、乌风梢、乌梢鞭、风梢。

特征：成蛇体长一般在 1.6 m 左右，较大者可达 2 m 以上。体背绿褐色或棕黑色及棕褐色，背部正中有 1 条黄色的纵纹，体侧各有 2 条黑色纵纹，至少在前段明显（成年个体），至体后部消失（有的个体通身墨绿色，有的前半身看上去是黄色、后半身是黑色）。次成体通身纵纹明显。蛇头较长，呈扁圆形，与颈有明显区分；眼较大，瞳孔圆形；鼻孔大，呈椭圆形，位于两鼻鳞间，有一较小的眼前下鳞。躯体较长，背鳞平滑，中央 2~4 行起棱。腹鳞呈圆形，腹面呈灰白色。尾较细长，故有"乌梢鞭"之称。

分布：生活在中国东部、中部、东南和西南海拔 1 600 m 以下的中低山地带平原、丘陵地带或低山地区，垂直分布范围在海拔 50~1 570 m。常在农田（高举头部警视四周）或沿着水田内侧的田埂下爬行，在菜地、河沟附近，有时也在山道边上的草丛旁晒太阳，可在村落中发现（山区房屋边的竹林中）。

13. 中国水蛇

分类: 有鳞目、游蛇科、水蛇属。

学名: *Enhydris chinensis* Gray。

别名: 泥蛇。

特征: 长年生活在水中,白天及晚上均见活动。食性杂,主要以鱼类、青蛙以及甲壳纲动物为食。体粗壮,尾短。雄蛇全长 2.63~4.9 m,雌蛇全长 2.75~8.34 m。蛇体前部呈深灰色或灰棕色,具有大小不一的黑点,背鳞最外行暗灰色,外侧 2~3 行红棕色,腹鳞前半暗灰色、后半黄白色,上唇缘亦为黄白色。头较大,吻端宽钝,背鳞平滑,雄蛇腹鳞平均 148.4 枚,雌蛇腹鳞平均 143.3 枚,肛鳞二分,尾下鳞双行,雄蛇平均 48.6 对,雌蛇平均 42.6 对。

分布: 分布在全国。

14. 眼镜蛇

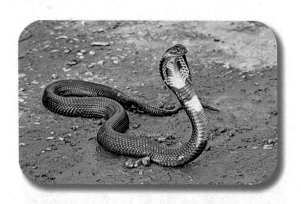

分类：有鳞目、新蛇亚目、眼镜蛇科、眼镜蛇属。

学名：*Naja atra* Cantor。

别名：饭匙蛇、扇头风。

特征：上颌骨较短，前端有沟牙，沟牙之后往往有一至数枚细牙，系前沟牙类毒蛇，毒液含神经毒为主。体形很大，可达 1.2～2.5 m。与无毒蛇不同，毒蛇的尖牙不能折叠，因而相对较小。毒液为高危性混合毒液。最明显的特征是其颈部皮褶，该部位可以向外膨起以威吓对手。被激怒时会将身体前段竖起，颈部皮褶两侧膨胀，此时背部的眼镜圈纹愈加明显，同时发出"呼呼"声，借以恐吓敌人。喜欢生活在平原、丘陵、山区的灌木丛或竹林里，山坡坟堆、山脚水旁、溪涧鱼塘边、田间、住宅附近也常见出现。食性很广。昼行性，主要在白天外出活动觅食。

分布：主要分布在南方等地，北方偶尔可见。

15. 尖吻蝮

分类： 有鳞目、蛇亚目、蝰蛇科、蝮亚科、尖吻蝮属。

学名： *Deinagkistrodon acutus*。

别名： 百步蛇、五步蛇、七步蛇、蕲蛇、山谷虌、百花蛇、中华蝮、棋盘蛇。

特征： 亚洲地区相当著名的蛇种，尤其在台湾及华南一带自古备受重视。全长 1.2～1.5 m，大者可达 2 m 以上。头大，呈三角形，与颈部可明显区分，有长管牙。吻端由鼻间鳞与吻鳞尖出形成一上翘的突起；鼻孔与眼之闻有一椭圆形颊窝成为热测位器。背鳞具强棱 21(23)～21(23)～17(19)行。腹鳞 157～171 枚。尾下鳞 52～60 枚，前段约 20 枚定为单行或杂以个别成对，尾后段为双行，末端鳞片角质化程度较高，形成一尖出硬物，称"佛指甲"。生活时背面棕黑色，头侧土黄色，二色截然分明，体背棕褐色或稍带绿色，其上具 17～19 个灰白色大方形斑块，尾部具 3～5 个，此斑由左右两侧大三角斑在背正中合拢形成，偶尔也有交错摆列的。

分布： 主要栖息在海拔 400～700 m 的常绿、落叶混交林中，在中国的分布范围大致在东经 104°以东，北纬 25°～31°之间。已知的分布地区有安徽(南部)、重庆、江西、浙江、福建(北部)、湖南、湖北、广西(北部)、贵州、广东(北部)及台湾。在中国分布较广，其中以武夷山山区和皖南山区数量最多。国家二级保护动物。

16. 白唇竹叶青

分类：有鳞目、蛇亚目、蝰蛇科、竹叶青蛇属。

学名：*Cryptelytrops albolabris*。

别名：竹叶青、青竹蛇。

特征：属毒性蛇。体长 0.6～0.75 m，尾长 0.14～0.18 m，体重约 60 g。头部呈三角形，其顶部为青绿色，瞳孔垂直，呈红色特征色。颈细，形似烙铁。头顶具细鳞，吻侧有颊窝。上颌仅具白唇竹叶青管牙，有剧毒。体背鲜绿色，有不明显的黑横带；腹部淡黄绿色。体最外侧自颈达尾部有 1 条白纹；有的在白色纵线之下伴有 1 条红色纵线；有的有双条白线，再加红线。上唇黄白色。鼻间鳞大，鼻鳞与颊窝间一般无鳞片。尾端呈焦红色。生活在海拔 900～1 000 m 的平原或丘陵，常栖息于草丛或矮灌木丛中。

分布：分布于福建、江西、湖南、广东、广西、海南、贵州、云南、香港和澳门等地。

17. 圆斑蝰

分类：有鳞目、蛇亚目、蝰蛇科、蝰亚科、山蝰属。

学名：_Daboia russelii siamensis_ Shawe Nodder。

别名：金钱斑、百步金钱豹。

特征：全长 1 m，重达 1.5 kg。头比较大，呈三角形，与颈区分明显，吻短宽圆。头背的小鳞起棱，鼻孔大，位于吻部上端。体粗尾短，头背有 3 块圆斑，体背呈棕灰色，具有 3 纵行大圆斑，背脊 1 行圆斑与两侧交错排列，每一圆斑的中央为紫色或深棕色，外周为黑色，镶以黄白色边，最外侧有不规则的黑褐色斑纹。腹部为灰白色，散有粗大的深棕色斑。性凶猛。主要栖息在开阔的田野、草丛中，茂密的林木区极少发现。

分布：分布于福建（诏安、泉州、惠安、仙游、南安）、台湾（花莲、瑞穗、台东、高雄、恒春、成功、屏东、台北）、广东（韶关、广州）、广西（南宁）。

§4.4 鸟纲

1. 小䴙䴘

分类：䴙䴘目、䴙䴘科、小䴙䴘属。

学名：*Tachybaptus ruficollis* Pallas。

别名：水葫芦、油葫芦、油鸭、王八鸭子和小艄板儿。

特征：体长约 27 cm。体色深，尾短（尾羽退化，仅长 23 mm），翅短，腿短（长在身体的后部，近尾端），体形近乎椭圆，加上它的羽毛全为绒羽，松软如丝，整个感觉就像一个毛茸茸的葫芦。嘴尖如凿，趾有宽阔的蹼。繁殖羽为喉及前颈偏红，头顶及颈背深灰褐色，上体褐色，下体偏灰，具明显黄色嘴斑。非繁殖羽为上体灰褐色，下体白色。虹膜黄色或褐色；嘴黑色；脚蓝灰色，趾尖浅色。

分布：中国东部大部分开阔水面均可见。

2. 大白鹭

分类: 鹳形目、鹭科、鹭属。

学名: *Ardea alba*。

别名: 白鹭鸶、鹭鸶、白漂鸟、大白鹤、白鹤鹭、雪客。

特征: 体型较大,体长约 95 cm;比其他白色鹭体型大许多。颈部具"S"形结,嘴为黑色或黄色,较厚重,嘴裂过眼,脚为黑色。繁殖季节有花哨的繁殖羽,脸颊裸露皮肤会呈蓝绿色。繁殖羽为脸颊裸露皮肤蓝绿色,嘴黑,腿部裸露皮肤红色,脚黑。肩背部着生有 3 列长而直、羽枝呈分散状的蓑羽。非繁殖羽为脸颊裸露皮肤黄色,嘴黄而嘴端常为深色,脚及腿黑色。虹膜黄色。栖息于开阔的平原和山地、丘陵地区的河流、湖泊、水田、海滨、河口及沼泽地带。多在开阔的水边和附近草地上活动。

分布: 全国均有分布。

3. 凤头鹰

分类：隼形目、鹰科、鹰属。

学名： *Accipiter trivirgatus*。

别名：凤头苍鹰(台湾)、粉鸟鹰、凤头雀鹰。

特征：中等猛禽。体长 36～49 cm，体重 360～530 g，上体暗褐色。头部具短羽冠。成年雄鸟上体灰褐，两翼及尾具横斑，下体棕色，胸部具白色纵纹，腹部及大腿白色，具近黑色的粗横斑，颈白，有近黑色纵纹至喉，具两道黑色髭纹。亚成鸟及雌鸟似成年雄鸟，但下体纵纹及横斑均为褐色，上体褐色较淡。幼鸟上体暗褐，具茶黄色羽缘，后颈茶黄色，微具黑色斑；头具宽的茶黄色羽缘；下体皮黄白色或淡棕色或白色，喉具黑色中央纵纹，胸、腹具黑色纵纹或纵行黑色斑点。虹膜褐色至成鸟的绿黄色；嘴灰色，蜡膜黄色；腿及脚黄色。性善隐藏而机警，常躲藏在树叶丛中，有时也栖于空旷处的树枝上。

分布：主要分布在四川、云南、贵州、广西、海南岛和台湾等地。

4. 黄腹角雉

分类：鸡形目、雉科、角雉属。

学名：*Tragopan caboti* Geoffrog St. Hiaire。

别名：角鸡、吐绶鸟。

特征：体长 50～65 cm。雄鸟上体栗褐色，满布具黑缘的淡黄色圆斑。头顶黑色，具黑色与栗红色羽冠。飞羽黑褐色带棕黄斑。下体几纯棕黄，因腹部羽毛呈皮黄色，故名"黄腹角雉"。脸部裸皮朱红色；有翠蓝色及朱红色组成的艳丽肉裙及翠蓝色肉角，于发情时向雌鸟展示。雌鸟通体大多棕褐色，密布黑色、棕黄色及白色细纹，上体散有黑斑，下体多有白斑。以蕨类及植物的根、茎、叶、花、果为食。性好隐蔽，善于奔走，常在茂密的林下灌木丛和草丛中活动。非迫不得已，一般不起飞。

分布：中国特产鸟。主要分布于浙江，在福建、广东、湖南、江西等地亦有分布。

5. 白颈长尾雉

分类：鸡形目、雉科、长尾雉属。

学名：*Syrmaticus ellioti*。

别名：横纹背鸡、山鸡、红山鸡、高山雉鸡、地花鸡。

特征：体型大小与雉鸡相似。眼周裸露鲜红色皮肤，颈部和腹部白色。栖息于混交林中的浓密灌丛及竹林。性机警。以小群活动。雄鸟体长约 81 cm，近褐色；头色浅，棕褐色尖长尾羽上具银灰色横斑，颈侧白色，翼上带横斑，腹部及肛周白色；黑色的额、喉及白色的腹部为本种特征；脸颊裸皮猩红色，腰黑，羽缘白色。雌鸟体长约 45 cm；头顶红褐，枕及后颈灰色；上体其余部位杂以栗色、灰色及黑色蠹斑；喉及前颈黑色，下体余部白色羽毛上具棕黄色横斑。虹膜黄褐色，嘴黄色，脚蓝灰色。杂食性，主要以植物性食物为食。

分布：分布于中国的长江以南的华东和华南地区。

6. 白鹇

分类：鸡形目、雉科、鹇属。

学名：*Lophura nycthemera*。

别名：银鸡、银雉、越鸟、越禽、白雉。

特征：大型鸟类。体长 94～110 cm；体态娴雅、外观美丽。雄鸟上体和两翅白色，密布黑纹；羽冠和下体都是灰蓝色；尾长，中央尾羽近纯白色，外侧尾羽具黑色波纹，在林中疾走时，从远处望去，似披着白色长"斗篷"，被风吹开露出灰蓝色的内衣；眼裸出部分赤红，脚亦红色，鲜艳显眼。雌鸟全身呈橄榄褐色，羽冠近黑色，和雄鸟相比十分逊色。虹膜褐色，嘴黄色，脚鲜红色。主要以昆虫以及各种浆果、种子、嫩叶和苔藓等为食。尤以森林茂密、林下植物稀疏的常绿阔叶林和沟谷、雨林较为常见，也出现在针阔叶混交林和竹林内。

分布：分布于中国的南方各省。

7. 勺鸡

分类：鸡形目、雉科、勺鸡属。

学名：*Pucrasia macrolopha* Lesson。

别名：柳叶鸡、角鸡、刁鸡。

特征：体长 55～60 cm。雄鸟头部呈金属暗绿色,具棕褐色长形冠羽;颈部两侧有明显白色块斑;雌鸟体羽以棕褐色为主。栖息于海拔 1 500～4 000 m 的高山针阔叶混交林中。以植物根、果实及种子为主食。终年成对活动,秋冬成家族小群。具明显的飘逸型耳羽束。雄鸟头顶及冠羽近灰;喉、宽阔的眼线、枕及耳羽束为金属绿色;颈侧白;上背皮黄色;胸栗色;其他部位的体羽为长的白色羽毛上具黑色矛状纹。雌鸟体型较小,具冠羽但无长的耳羽束;体羽图纹与雄鸟同。虹膜褐色,嘴近褐色,脚紫灰色。

分布：广布于辽宁以南至西藏东南部的中部和东部地区。

8. 领鸺鹠

分类：鸮形目、鸱鸮科、鸺鹠属。

学名：*Glaucidium brodiei* Burton。

别名：小型猫头鹰。

特征：体长 14～16 cm，是中国最小的鸮类。纤小而多横斑，眼黄色，颈圈浅色，无耳羽簇。上体浅褐色而具橙黄色横斑；头顶灰色，具白色或皮黄色的小型"眼状斑"；喉白而满具褐色横斑；胸及腹部皮黄色，具黑色横斑；大腿及臀白色具褐色纵纹。颈背有橘黄色和黑色的假眼。虹膜黄色，嘴角质色，脚灰色。栖息于山地、森林和林缘灌木丛地带。

分布：分布于中国的南方各省。

9. 挂墩鸦雀

分类：雀形目、莺科、短尾鸦雀属。

学名：*Neosuthora davidiana*。

别名：短尾鸦雀。

特征：体型微小，体长约 10 cm。形短的尾羽缘棕色，头栗色。色彩较深，上背及背部灰色，颏及喉黑而无白色杂点。虹膜褐色，嘴近粉色，脚近粉色。活动性较小，常在树尖鸣叫。冬季集群。

分布：分布于福建、浙江等地。

10. 普通翠鸟

分类: 佛法僧目、翠鸟科、翠鸟属。

学名: *Alcedo atthis* Linnaeus。

别名: 翠鸟、鱼狗、打鱼郎、钓鱼郎、刁鱼郎、小翠。

特征: 最典型常见的一种翠鸟。体型较小,体长约 15 cm,上体蓝绿色,中央具 1 条蓝带,下体橙棕色。生活于海滨一带及水道沿岸,行动敏捷而富有耐心,以鱼为食。上体金属浅蓝绿色,颈侧具白色点斑;下体橙棕色,颏白。雌雄鸟嘴的颜色不同样。幼鸟色黯淡,具深色胸带。虹膜褐色,雄鸟嘴黑色,雌鸟下嘴橘黄色,脚红色。

分布: 广布中国,包括东北、华东、华中、华南及西南地区。

11. 冠鱼狗

分类：佛法僧目、翠鸟科、大鱼狗属。

学名：*Megaceryle lugubris* Linnaeus。

别名：花斑钓鱼郎。

特征：一种中等体型（体长约 41 cm，翼展 45～47 cm）的翠鸟，是我国体型最大的翠鸟。栖息于灌丛或疏林、水清澈而缓流的小河、溪涧、湖泊以及灌溉渠等水域。常在江河、小溪、池塘以及沼泽地上空飞翔、俯视、觅食。一旦发现食物迅速俯冲，动作利落。冠鱼狗冠羽发达，上体青黑并多具白色横斑和点斑，蓬起的冠羽也是如此。大块的白斑由颊区延至颈侧，下有黑色髭纹。下体白色，具黑色的胸部斑纹，两胁具皮黄色横斑。雄鸟翼线白色，雌鸟黄棕色。虹膜褐色，嘴黑色，脚黑色。

分布：分布于中国东部很多地区。

12. 三宝鸟

分类：佛法僧目、佛法僧科、三宝鸟属。

学名：*Eurystomus orientalis*。

别名：老鸹翠、东方宽嘴转鸟、阔嘴鸟、佛法僧。

特征：中等体型，体长约 30 cm。嘴鲜红，脚亦红色，身体蓝绿色。具宽阔的红嘴（亚成鸟为黑色）。整体色彩为暗蓝灰色，但喉为亮丽蓝色。飞行时两翼中心有对称的亮蓝色圆圈状斑块。虹膜褐色，嘴珊瑚红色，端黑，脚橘黄色或红色。喜欢吃绿色金龟子等甲虫，也吃蝗虫、天牛、叩头虫等。

分布：分布于中国东部沿海，西至甘肃、四川、西藏、云南、广西等地，为广东沿海一带的留鸟。

13. 大拟啄木鸟

分类：䴕形目、拟䴕科、拟䴕属。

学名：*Megalaima virens*。

特征：中型鸟类，体长 30～34 cm。嘴大而粗厚，象牙色或淡黄色；整个头、颈和喉为暗蓝色或紫蓝色，上胸暗褐色，下胸和腹部淡黄色，具宽阔的绿色或蓝绿色纵纹；尾下覆羽红色。背、肩暗绿褐色，其余上体草绿色，野外特征极明显，容易识别。常单独或成对活动，在食物丰富的地方有时也成小群。常栖息于高树顶部，能站在树枝上像鹦鹉一样左右移动。食物主要为马桑、五加科植物以及其他植物的花、果实和种子，此外也吃各种昆虫，特别是在繁殖期间。

分布：分布于云南、贵州、四川、安徽、浙江、福建、广东和西藏南部。

14. 小云雀

分类：雀形目、百灵科、云雀属。

学名：_Alauda gulgula_ Franklin。

别名：朝天柱、百灵、阿兰、天鹨、阿鹨、告天鸟、大鹨。

特征：体长约 15 cm，褐色斑驳而似鹨，略具浅色眉纹及羽冠。上身有黄棕色条纹，白色尾羽，短冠。雌雄外形相似。虹膜褐色，嘴角质色，脚肉色。主要栖息于开阔平原或沿海平原，多见于草地、河边、沙滩、农田和荒地。主要以植物性食物为食，也吃昆虫，属杂食性。

分布：分布于中国南方及沿海地区。

15. 白鹡鸰

分类：雀形目、鹡鸰科、鹡鸰属。

学名：*Motacilla alba*。

别名：白颤儿、白面鸟、白颊鹡鸰、眼纹鹡鸰。

特征：体长约 20 cm，黑白相间（亚成鸟则是灰白相间），亚种较多。属常见鸟类，喜滨水活动。前额和脸颊白色，头顶和后颈黑色。体羽上体灰色，下体白色，两翼及尾黑白相间。冬季头后、颈背及胸具黑色斑纹，但不如繁殖期扩展；黑色斑纹的多少随亚种而异。雌鸟似雄鸟，但色较暗。虹膜褐色，嘴及脚黑色。主要以昆虫为食，偶尔也吃种子、浆果等植物性食物。

分布：在中国广泛分布。夏候鸟在中北部地区，留鸟在华南地区，在海南越冬。

16. 灰鹡鸰

分类：雀形目、鹡鸰科、鹡鸰属。

学名：*Motacilla cinereal* Tunstall。

别名：黄腹灰鹡鸰、黄鸰、灰鸰、马兰花儿。

特征：中等体型，体长约 19 cm。头部和背部深灰色。尾上覆羽黄色，中央尾羽褐色，最外侧 1 对黑褐色，具大形白斑。眉纹白色。喉、颏部黑色，冬季为白色。两翼黑褐色，有 1 道白色翼斑。腰黄绿色，成鸟下体黄，亚成鸟偏白。虹膜褐色，嘴黑褐色，脚粉灰色。常单独或成对活动，有时也集成小群与白鹡鸰混群。飞行时两翅一展一收，呈波浪式前进。主要以蝗虫、甲虫、松毛虫等为食，是益鸟。

分布：几乎遍及全国各地。夏候鸟和部分旅鸟主要在长江以北地区，冬候鸟和部分旅鸟主要在长江以南地区。

17. 树鹨

分类: 雀形目、鹡鸰科、鹨属。

学名: *Anthus hodgsoni*。

别名: 树鲁、木鹨、麦加蓝儿、西雀、地麻雀。

特征: 体长约 15 cm。具粗显的白色眉纹。与其他鹨属鸟类的区别是上体纵纹较少,喉及两胁皮黄,胸及两胁黑色纵纹浓密,耳后具白斑。虹膜褐色,下嘴偏粉色,上嘴角质色,脚粉红色。常成对或以三五只的小群活动,迁徙期间亦集成较大的群。食物主要有鳞翅目幼虫、蝗虫、象鼻虫、蚜、甲虫等,也吃蜘蛛,还有苔藓、谷粒等植物性食物。

分布: 在我国为夏候鸟或冬候鸟。每年 4 月初开始迁至东北繁殖地,10 月下旬开始南迁,迁徙时常集成松散的小群。

18. 灰喉山椒鸟

分类： 雀形目、山椒鸟科、山椒鸟属。

学名： *Pericrocotus solaris*。

别名： 十字鸟、红山椒鸟。

特征： 留鸟，一般不迁徙，但冬季和春季常有垂直迁徙现象。体小，体长约 17 cm。红色雄鸟与其他山椒鸟的区别是喉及耳羽呈暗深灰色。黄色雌鸟与其他山椒鸟的区别是额、耳羽及喉少黄色。亚种 montpelieri 的雄鸟上背暗橄榄色，腰为橄榄黄色，尾覆羽红色。虹膜深褐色，嘴及脚为黑色。主要栖息于低山、丘陵地带的杂木林和山地森林中。全部以昆虫为食。

分布： 分布于台湾、云南、广西、湖南、广东、海南、福建等地。

19. 领雀嘴鹎

分类：雀形目、鹎科、雀嘴鹎属。

学名：*Spizixos semitorques*。

别名：羊头公、中国圆嘴布鲁布鲁、绿鹦嘴鹎、青冠雀。

特征：体长约23 cm。厚重的嘴呈象牙色，具短羽冠。似凤头雀嘴鹎但冠羽较短，头及喉偏黑（台湾亚种灰色），颈背灰色。特征为喉白，嘴基周围近白，脸颊具白色细纹，尾绿色而尾端黑。虹膜褐色，嘴浅黄色，脚偏粉色。飞行中捕捉昆虫。主要栖息于低山、丘陵和山脚平原地区，也见于海拔2 000 m左右的山地、森林和林缘地带，尤其是溪边沟谷灌木丛、稀树草坡等不同生境。食性较杂，主要以植物性食物为主，尤以野果占优势；动物性食物主要有金龟子、步行虫等鞘翅目和其他昆虫。

分布：分布于台湾，以及包括甘肃、四川、云南、陕西的东抵河南、长江以南的华南大陆等地。

20. 白头鹎

分类：雀形目、鹎科、鹎科鹎属。

学名：*Pycnonotus sinensis* Gmelin。

别名：白头翁。

特征：体长约 19 cm。头顶黑色，眉和枕羽呈白色，双翼橄榄绿色。老鸟的枕羽更洁白，所以又叫"白头翁"。幼鸟头橄榄色，胸具灰色横纹。眼后 1 条白色宽纹伸至颈背，黑色的头顶略具羽冠，髭纹黑色，臀白。数量丰富。性活泼，不畏人。虹膜褐色，嘴近黑色，脚黑色。栖息于海拔 1 000 m 以下的低山、丘陵和平原地区的灌木丛、草地，以及有零星树木的疏林荒坡、果园、农田地边灌木丛。既食动物性食物，也吃植物性食物，以果树的浆果和种子为主食。

分布：西至四川、云南东北部；北达陕西南部及河南；东至沿海一带，包括海南和台湾；南及广西西南等地。

21. 绿翅短脚鹎

分类：雀形目、鹎科、短脚鹎属。

学名：*Ixos mcclellandii*。

别名：绿膊布鲁布鲁。

特征：体长约24 cm。羽冠短而尖，颈背及上胸棕色，喉偏白而具纵纹。头顶深褐色具偏白色细纹。背、两翼及尾偏绿色。腹部及臀偏白。虹膜褐色，嘴近黑色，脚粉红色。以小型果实及昆虫为食。栖息在海拔1 000～3 000 m的各种类型森林中，尤以林缘疏林和沟谷地带较为常见。常在山茶花上见到，吃花粉，也捕食访花的蜜蜂等昆虫。小群或大群活动。会大胆围攻猛禽及杜鹃类。

分布：分布于西藏、四川、云南、贵州、广西、湖南、广东、江西、福建等地。

22. 红尾伯劳

分类：雀形目、伯劳科、伯劳属。

学名：*Lanius cristatus* Linnaeus。

别名：褐伯劳。

特征：中等体型，体长约 20 cm，喉白。成鸟前额灰，眉纹白，宽宽的眼罩呈黑色，头顶及上体褐色，下体皮黄。亚成鸟似成鸟，但背及体侧具深褐色细小的鳞状斑纹；黑色眉毛使其有别于虎纹伯劳的亚成鸟。虹膜褐色，嘴黑色，脚灰黑色。雄鸟头和背的颜色组合如下：①头褐色，背褐色；②头灰色，背灰色；③头灰色，背褐色。一般没有头褐色、背灰色的组合。主要栖息于低山、丘陵和山脚下平原地带的灌木丛和林缘地带。所吃食物主要有直翅目蝗科、螽斯科、鞘翅目步甲科、叩头虫科、金龟子科、瓢虫科、半翅目蝽科和鳞翅目昆虫。偶尔吃少量草籽。

分布：分布于全国。

23. 棕背伯劳

分类：雀形目、伯劳科、伯劳属。

学名：_Lanius schach_ Linnaeus。

别名：海南鹃、大红背伯劳。

特征：体型略大，体长约 25 cm。具粗黑的贯眼纹或顶冠，黑翅，尾长且黑，上体偏灰，下体偏棕。成鸟额、眼纹、两翼及尾黑色，翼有一白色斑；头顶及颈背灰色或灰黑色；背、腰及体侧红褐色；额、喉、胸及腹中心部位白色；头及背部黑色的扩展随亚种而有不同。亚成鸟色较暗，两胁及背具横斑，头及颈背灰色较重。虹膜褐色，嘴及脚黑色。主要栖息于低山、丘陵和山脚平原地区。肉食性鸟类。

分布：一种很常见的留鸟。分布于中国东部沿海及南部，包括台湾、海南等地。

24. 八哥

分类：雀形目、椋鸟科、八哥属。

学名：*Acridotheres cristatellus*。

别名：普通八哥、鸲鸲了哥、凤头八哥、加令。

特征：体大，体长约 26 cm。冠羽突出，全身黑色，翅有白斑，飞行时
展开双翅可看到"八"字形的白斑。尾羽端部白色。虹膜橘黄
色，嘴浅黄色，嘴基红色，脚暗黄色。亚成体额羽不发达，体羽
颜色也不似成鸟黑得成熟，略呈咖啡色。主要栖息于海拔
2 000 m 以下的低山、丘陵和山脚平原的次生阔叶林、竹山林
和林缘疏林中。杂食性，常尾随耕田的牛，取食翻耕出来的蚯
蚓、蝗虫、蝼蛄等；也在树上啄食榕果、乌桕籽、悬钩子等。

分布：自陕西南部至长江以南各省，以及台湾和海南均有分布。

25. 松鸦

分类：雀形目、鸦科、松鸦属。

学名：*Garrulus glandarius*。

别名：山和尚。

特征：小型鸦类，体长约 32 cm。外形与生活习性均似乌鸦，但羽毛鲜丽，整体近粉褐色，具白色下背、腰及喉羽。翅上有辉亮的黑、白、蓝三色相间的横斑，极为醒目。翼上具黑色及蓝色镶嵌图案，腰白。髭纹黑色，两翼黑色具白色块斑。飞行时两翼显得宽圆。飞行沉重，振翼无规律。虹膜浅褐色，嘴灰色，脚肉棕色。食性较杂。常年栖息在针叶林、针阔叶混交林等森林中，有时也到林缘疏林和天然次生林内，很少见于平原耕地。

分布：在中国分布较广。

26. 红嘴蓝鹊

分类：雀形目、鸦科、蓝鹊属。

学名：*Urocissa erythroryncha*。

别名：赤尾山鸦、长尾山鹊、长尾巴练、长山鹊、山鹛。

特征：体长约 68 cm。上身蓝色，头黑色，红嘴红脚，尾十分长。头、颈、胸部暗黑色，头顶羽尖缀白，犹似戴上一个灰色帽盔；枕、颈部羽端白色；背、肩及腰部羽色为紫灰色；翅羽以暗紫色为主，并衬以紫蓝色；中央尾羽紫蓝色，末端有一宽阔的带状白斑；其余尾羽均为紫蓝色，末端具有黑白相间的带状斑；中央尾羽甚长，外侧尾羽依次渐短，因而构成梯状；下体为极淡的蓝灰色，有时近于灰白色。嘴壳朱红色，足趾红橙色。雌雄鸟体表羽色近似。发出多种不同的嘈吵叫声和哨声。主要栖息于山区常绿阔叶林、针叶林、针阔叶混交林和次生林中，也见于竹林、林缘疏林和林旁、地边树上。以果实、小型鸟类及卵、昆虫和动物尸体为食，常在地面取食，有时还会凶悍地侵入其他鸟类的巢内，攻击残害幼雏和鸟卵。

分布：分布于北京、河北、内蒙古、辽宁、江苏、江西、河南、湖南、广东、广西、四川、贵州、云南、陕西、甘肃、宁夏、福建、香港。

27. 褐河乌

分类：雀形目、河乌科、河乌属。

学名：*Cinclus pallasii* Linnaeus。

别名：河乌、水乌鸦、小水乌鸦。

特征：体长约21 cm。全身体羽深褐色，尾较短。嘴黑色，脚铅灰色。体无白色或浅色胸围。有时眼上的白色小块斑明显，常为眼周羽毛遮盖而外观不显著。雌鸟形态与雄鸟相似。幼鸟上体黑褐色，羽缘黑色形成鳞状斑纹，具浅棕色近端斑。虹膜褐色，嘴深褐色，脚深褐色。栖息于海拔1 500 m以上的森林及开阔区域清澈而湍急的山间溪流。主要在水中取食，以动物性食物为食，也吃一些植物的叶和种子。

分布：分布于中国的东南地区。

28. 红胁蓝尾鸲

分类：雀形目、鸫科、鸲属。

学名：*Tarsiger cyanurus*。

别名：蓝点冈子、蓝尾巴根子、蓝尾杰、蓝尾欧鸲。

特征：体型略小，体长约 15 cm。喉白，橘黄色两胁与白色腹部及臀成对比。雄鸟上体蓝色，眉纹白；亚成鸟及雌鸟褐色，尾蓝。虹膜褐色，嘴黑色，脚灰色。繁殖期间主要栖息于海拔 1 000 m 以上的山地针叶林、岳桦林、针阔叶混交林和山上部分林缘灌木丛地带；迁徙季节和冬季多见于低山、丘陵和山脚平原地带次生林、林缘疏林、道旁和溪边疏林灌木丛中。繁殖期间主要以昆虫和昆虫幼虫为食。迁徙期间除吃昆虫之外，也吃少量植物果实与种子等。

分布：主要在中国东北和西南地区繁殖，在长江流域和长江以南广大地区越冬。

29. 鹊鸲

分类：雀形目、鹟科、鹊鸲属。

学名：*Copsychus saularis* Linnaeus。

别名：猪屎渣、吱渣、信鸟、四喜。

特征：中等体型，体长约 20 cm。外形像喜鹊，但比喜鹊小很多。雄鸟头、胸及背闪辉蓝黑色，两翼及中央尾羽黑，外侧尾羽及覆羽上的条纹白色，腹及臀亦白。特征极为醒目。雌鸟似雄鸟，但以暗灰取代黑色，上体灰褐色，翅具白斑，下体前部亦为灰褐色，后部白色。亚成鸟似雌鸟，但具杂斑。虹膜褐色，嘴及脚黑色。主要栖息于海拔 2 000 m 以下的低山、丘陵和山脚平原地带的次生林、竹林、林缘疏林灌木丛，尤以居民点附近的小块丛林、果园和耕地、路边的树林中多见。主要以昆虫为食。

分布：分布在中国华南地区及长江以南一带。

30. 红尾水鸲

分类：雀形目、鹟科、水鸲属。

学名：*Rhyacornis fuliginosa*。

别名：蓝石青儿、铅色水翁、铅色水鸫、铅色翁、溪红尾鸲、溪鸲燕。

特征：体长约 14 cm。雌雄异色：雄鸟通体大都为暗灰蓝色，尾红色；雌鸟上体灰褐色，下体灰色，杂以不规则的白色细斑。与小燕尾的区别在于尾端槽口、头顶无白色，翼上无横纹。雄雌两性均具明显的不停弹尾动作。幼鸟灰色上体具白色点斑。虹膜深褐色，嘴黑色，脚褐色。主要以昆虫为食，也吃少量植物果实和种子。主要栖息于山地溪流与河谷沿岸，尤以多石的林间或林缘地带的溪流沿岸较常见。

分布：全国分布。

31. 白额燕尾

分类：雀形目、鹟科、燕尾属。

学名：*Enicurus leschenaulti sinensis* Gould。

特征：黑白色鸟类，体长 25～27 cm。腰和腹白色，两翅黑褐色具白色翅斑。尾黑色具白色端斑，尾羽长短不一，整个尾部呈黑白相间状，极为醒目。前额和顶冠白（其羽有时耸起成小凤头状）；头余部、颈背及胸黑色；腹部、下背及腰白；两翼和尾黑色，尾叉甚长而羽端白色；两枚最外侧尾羽全白。虹膜褐色，嘴黑色，脚偏粉色。主要栖息于山间溪流与河谷沿岸，尤以水流湍急、河中多石头的林间溪流较常见。主要以水生昆虫和昆虫幼虫为食。

分布：分布在中国长江流域及其以南广大地区；北至河南南部、陕西南部、甘肃东南部和南部，西至四川、贵州和云南，南至广东、香港和海南。

32. 乌鸫

分类: 雀形目、鸫科、鸫属。

学名: *Turdus merula*。

别名: 百舌、黑山雀、牛屎、八日雀、中国黑鸫。

特征: 体型略大,体长约 29 cm。雄鸟全黑色,嘴橘黄色,眼圈黄色,脚黑色。雌鸟上体黑褐色,下体深褐色,嘴暗绿黄色至黑色,眼圈颜色略淡。与灰翅鸫的区别是翼全深色。鸣声嘹亮,春日尤善啭鸣,其声多变化,故又称“百舌”。虹膜褐色,雄鸟嘴为黄色,雌鸟嘴为黑色,脚为褐色。主要栖息于次生林、阔叶林、针叶林、针阔叶混交林的森林中,海拔高度从数百米到 4 000 m 均可遇见,尤喜栖息于林区外围、农田旁树林、果园。食物以昆虫幼虫为主。

分布: 分布在中国大部分地区。

33. 黑脸噪鹛

分类：雀形目、噪鹛科、噪鹛属。

学名：*Garrulax perspicillatus*。

特征：体型略大，体长约 30 cm。额及眼罩黑色，状如戴上一副黑色眼镜，极为醒目。上体暗褐，外侧尾羽端宽，深褐色。下体偏灰色，渐次为腹部近白，尾下覆羽黄褐色。虹膜褐色，嘴近黑色，嘴端较淡，脚红褐色。栖息于平原和低山、丘陵地带灌木丛与竹林中，常成对或成小群活动。杂食性，主要以昆虫为主。

分布：分布在中国秦岭以南地区。

34. 画眉

分类：雀形目、噪鹛科、噪鹛属。

学名：*Garrulax canorus*。

特征：体型略小，体长约 22 cm。全身棕褐色，白色的眼圈在眼后延伸成狭窄的眉纹，"画眉"的名称由此而来。顶冠及颈背有偏黑色纵纹。虹膜黄色，嘴偏黄，脚偏黄。鸣声为悦耳、活泼而清晰的哨音。栖息于低山、丘陵的灌木丛和林落附近的灌木丛或竹林中。杂食性。在繁殖季节嗜食昆虫，其中有很多是农林害虫，如蝗虫、蝽象、松毛虫以及多种蛾类幼虫等；在非繁殖季节以野果和草籽等为食，偶尔也啄食豌豆及玉米等幼苗。

分布：分布在中国长江以南的西南、华中至东南，台湾、海南以及中南半岛北部也有分布。

35. 红嘴相思鸟

分类：雀形目、噪鹛科、相思鸟属。

学名：*Leiothrix lutea* Scopoli。

别名：相思鸟、红嘴玉、五彩相思鸟、红嘴鸟。

特征：属海拔迁徙的候鸟，色艳可人的小巧体长约 15.5 cm 鹛类。具显眼的红嘴，因此得名"红嘴相思鸟"。上体橄榄绿色，眼周有黄色块斑，下体橙黄色。尾近黑色而略分叉。翼略黑，红色和黄色的羽缘在歇息时成明显的翼纹。虹膜褐色，嘴红色，脚粉红色。栖息于海拔 1 200～2 800 m 的山地常绿阔叶林、常绿落叶混交林、竹林和林缘疏林灌木丛地带。主要以毛虫、甲虫、蚂蚁等昆虫为食，也吃植物果实、种子等，偶尔也吃少量玉米等农作物。

分布：分布在甘肃南部、陕西南部、长江流域及其以南的华南各省；东至浙江、福建，南至广东、香港、广西，西至四川、贵州、云南和西藏南部。

36. 灰眶雀鹛

分类：雀形目、画眉科、雀鹛属。

学名：*Alcippe morrisonia* Swinhoe。

别名：绣眼画眉、白眼环眉、山白目眶。

特征：体长约 14 cm。属喧闹而好奇的群栖型雀鹛。上体褐色，头灰，下体灰皮黄色。具明显的白色眼圈。深色侧冠纹从显著至几乎缺乏。与褐脸雀鹛的区别是下体偏白，脸颊多灰色且眼圈白色。虹膜红色，嘴灰色，脚偏粉色。主要栖息于海拔 2 500 m 以下的山地和山脚平原的森林和灌木丛中。主要以昆虫及其幼虫为食，也吃植物果实、种子、苔藓、植物叶、芽等。

分布：雀鹛属鸟类在中国分布最广的一种，主要分布在中国长江流域以南各地。

37. 强脚树莺

分类：树莺科。

学名：*Hororrnis fortipes* Hodgson。

特征：体长约 12 cm。具形长的皮黄色眉纹，下体偏白而染褐黄，尤其是胸侧、两胁及尾下覆羽。幼鸟黄色较多。甚似黄腹树莺，但上体褐色多且深，下体褐色深而黄色少，腹部白色少，喉灰色少；叫声也有别。虹膜褐色，上嘴深褐色，下嘴基色浅，脚肉棕色。通常独处。栖息于海拔 1 600～2 400 m 的阔叶林树丛和灌木丛间。冬季出没在山脚和平原地带的果园、茶园、耕地及村舍旁的竹林或灌木丛中。嗜食昆虫，兼食野果和杂草种子。

分布：分布在陕西南部、甘肃、贵州、西藏东南部、四川、云南、河北、湖北、上海、浙江、江西、福建、广东北部和台湾。

38. 暗绿绣眼鸟

分类: 雀形目、绣眼鸟科、绣眼鸟属。

学名: *Zosterops japonicus* Temminck et Schlegel。

别名: 相思仔、白眼圈、绿豆鸟、绣眼儿。

特征: 体小而细弱,体长约 11 cm,是一种体型非常小的雀鸟。背部羽毛为绿色,胸和腰部为灰色,腹部白色;翅膀和尾部羽毛泛绿光;明显的特征就是眼的周围环绕着白色绒状短羽,形成鲜明的白眼圈,故名"绣眼"。主要栖息于阔叶林和以阔叶树为主的针阔叶混交林、竹林、次生林中,也栖息于果园、林缘及村寨和地边高大的树上。以昆虫为食,也吃一些植物性食物;夏季主要以昆虫为主,冬季则主要以植物性食物为主。

分布: 分布在中国华北至西南以南,是很常见的夏候鸟或留鸟。

39. 红头长尾山雀

分类： 雀形目、山雀科、长尾山雀属。

学名： *Aegithalos concinnus*。

别名： 小老虎、红宝宝儿、红顶山雀、红白面只。

特征： 体长约 10 cm。头顶及颈背棕色，过眼纹宽而黑，颏及喉白且具黑色圆形胸兜，下体白而具不同程度的栗色。幼鸟头顶色浅，喉白，具狭窄的黑色项纹。虹膜黄色，嘴黑色，脚橘黄色。红头红胸，黑脸黑背，是一种山林留鸟，主要栖息于山地森林和灌木林间，也见于果园、茶园等人类居住地附近的小林内。主要以鞘翅目和鳞翅目等昆虫为食。

分布： 分布在中国长江以南地区。

40. 大山雀

分类：雀形目、山雀科、山雀属。

学名：*Parus major*。

别名：灰山雀、黑子、白脸山雀。

特征：体形较大，体长约 14 cm。成年大山雀头部整体为黑色，两颊各有 1 个椭圆形大白斑；翼上有 1 道醒目的白色条纹，1 道黑色带沿胸中央而下，容易辨认。雄鸟胸带较宽，幼鸟胸带减为胸兜。虹膜、喙、足均为黑色。主要栖息于低山和山麓地带的次生阔叶林、阔叶林和针阔混交林中。在北方夏季可上到海拔 1 700 m 的山地，在南方夏季可上至海拔 3 000 m 左右的森林。主要捕食松毛虫、天牛幼虫、蝗虫、蝇类等害虫，是农业、林业及果区中极为重要的益鸟。

分布：分布于黑龙江、吉林、辽宁、内蒙古东北部和东南部、河北、山西、青海、甘肃、新疆北部、西藏、四川、贵州、云南、浙江、福建、广东、广西、香港和海南。冬季偶见于台湾。

§ 4.5 哺乳纲

1. 云豹

分类：食肉目、猫科、云豹属。

学名：*Neofelis nebulosa*。

别名：龟纹豹

特征：中型猫科动物。体长 75～110 cm，尾长 70～90 cm，体重 20 kg 左右，雄性略大于雌性。全身黄褐色，体侧有对称的深色大块云状斑纹，周缘近黑色，中心为暗黄色，状如龟背饰纹，故有"龟纹豹"之称，易区别于其他豹类。尾毛与背部同色，尾端有数个不完整的黑环，端部黑色。云豹是高度树栖性的物种，经常在树木上休息和狩猎。通常白天在树上睡眠，晨昏和夜晚活动，常伏于树枝上守候猎物，待小型动物临近时，能从树上跃下捕食。

分布：分布在台湾、安徽、江西、福建、湖南、湖北、贵州、四川、浙江、广东。数量稀少，为中国国家一级保护动物。

2. 黑麂

分类： 偶蹄目、鹿科、麂属。

学名： *Muntiacus crinifrons*。

别名： 蓬头麂、红头麂。

特征： 体型较大的麂属动物。两性大小相似，体长约 100 cm，体重 21～26 kg。全身暗青灰色，毛尖棕色。额顶两角之间及其周围有特别长的棕黄色长毛，故有"蓬头麂"或"红头麂"之称。尾长，约 2 cm，尾的背面黑色，尾腹面纯白色。栖息于海拔 1 000 m 左右的山地常绿阔叶林及常绿、落叶阔叶混交林和灌木丛。多以木本植物的叶及嫩枝为食，也吃种植的大豆、红薯叶、麦苗。主要天敌是豺。

分布： 中国特产动物。分布在中国 27.5°～31.0°N 和 117.0°～121.50°E 之间 4 省（安徽南部、浙江西部、江西东部和福建北部）、39 个县范围以内。

3. 短尾猴

分类：灵长目、猴科、猕猴属。

学名：*Macaca arctoides*。

别名：红面猴、红脸猴、红面短尾猴、黑猴、泯猴。

特征：体型较大的一种猕猴，体重 5 kg，体长 50～56 cm。颜面部常为暗红色或带紫红色斑块，有颊囊。体色深暗，背部多为暗褐黑色或暗橄榄棕褐色，腹面稍浅于背部，亦为暗棕黄色，头顶褐色显著。尾巴短得出奇，还没有后脚长，仅为体长的 1/10，被毛稀少，有"断尾猴"之称。四肢均具 5 指（趾），有扁平的指甲。臀胝发达，肉红色。采食野果贪婪嗜争，边采边丢，只食甜熟果，未熟果即丢弃，故猴群过处往往遍地断枝弃果。因为对野果的可利用程度较低，必然要扩大觅食范围，活动时间也往往较长。短尾猴比藏酋猴的体形小，体毛较长而稀疏，为黑褐色或朱古力色，在华南地区俗称为"黑猴"或者"泥猴"。另外，短尾猴雄兽的生殖器也与众不同，阴茎扁而长，呈矛状，长度约为 40 mm，还会发出一种难闻的薛臭气味。短尾猴与藏酋猴最为显著的不同是其成体面部有鲜红色的斑块，有些老年个体还转为紫红色或者黑红色，所以又叫"红面短尾猴"、"红面猴"、"红脸猴"等。主要栖息于海拔 1 500～3 000 m 的原始阔叶林、针阔混交林或竹林地带。食性较杂，既取野果、树叶、竹笋为食，也捕食蟹、蛙等小动物。

分布：分布于中国的华南及西南地区。

4. 大灵猫

分类: 食肉目、猫科、大灵猫属。

学名: *Viverra zibetha*。

别名: 麝香猫、狐狸猫、灵狸。

特征: 体长 67～83 cm,尾长 40～51 cm,体重 5～9 kg。耳基下部至喉颈部黑褐色,中间有 2 条宽的白色或淡黄色横纹。肩部、背部、腰部黑褐色,肩部浅褐色,两肩中央及背脊有黑色鬃毛。胸部、腋部灰褐色,腹部、鼠蹊部灰白色。具黑白相间的闭锁环纹,尾端黑色。两性肛门与外生殖器之间有一腺体(灵猫香囊),分泌"灵猫香"。栖息于海拔 2 100 m 以下的丘陵、山地等地带的热带雨林、亚热带常绿阔叶林的林缘灌木丛中,并选择岩穴、土洞或树洞作为栖息地点。生性孤独,听觉和嗅觉都很灵敏,昼伏夜出,行动敏捷。食性广,以动物性食物为主,包括小型脊椎动物及大型昆虫,也吃植物果实等。

分布: 分布于浙江、江西、安徽南部、贵州等地。

5. 小灵猫

分类：食肉目、灵猫科、小灵猫属。

学名：_Viverricula indica_。

别名：七间狸、乌脚狸、箭猫、班灵猫、香狸。

特征：体形比大灵猫小，体重 2～4 kg。颜面狭窄，吻部尖突；会阴部亦有香囊，闭合时像一对肾脏，开启时形如一个半切开的苹果；肛门两侧的臭腺比大灵猫发达。体色和斑纹可因季节不同而异，冬毛棕黄色或乳黄褐色；从耳后至肩有 2 条黑褐色颈纹，其间夹杂另 2 条短纹；从肩部至臀部有 3～5 条暗色背纹，中央 3 条清晰，外侧 2 条时断时续；四足乌黑色，腹部灰黄或灰白色，尾部有 7～9 个暗褐色环。杂食性，捕食鼠和蜥蜴等动物。主要营地栖生活，喜欢在山地作物区附近的丛林中活动，喜幽静、阴暗、干燥、清洁的环境，适应凉爽的气候。

分布：栖息环境比大灵猫更广，分布在浙江、安徽、福建、广东、广西、海南、四川、贵州、云南和台湾等地。

6. 金猫

分类：食肉目、猫科、金猫属。

学名：_Catopuma temminckii_。

别名：亚洲金猫、原猫、狸豹。

特征：中型猫类，貌似豹，体长 75～100 cm，尾长 34～56 cm，体重
10 kg 左右。在猫类中是外耳显著能动者，听觉颇佳。两眼内
角各有宽的白色或黄白色条纹，至头顶转为红棕色，棕色纹两
侧各有细黑纹伴衬。面颊两侧有白色和深色相间的条纹。四
肢上部有斑点。体色多样，至少有 3 类色型：红色金猫，背毛
红棕色，称"红春豹"；灰色金猫，毛色灰棕者称"芝麻豹"；灰棕
色色型，背部有斑纹者称"狸豹"。几种色型间还有各种过渡
类型，此外还有近黑色的黑金猫。栖息于热带和亚热带的常
绿阔叶林、混合落叶林中。食物主要是啮齿类，还包括鸟类、
幼兔和家鸡，以及麂和麝等小型鹿类。

分布：分布于中国秦岭南坡、甘肃舟曲以南、河南伏牛山地及南坡丘
陵、安徽大别山以南、四川、湖北、湖南、江西、浙江、广东、广
西、贵州、云南以及西藏南部及东南部（朗县、波密、察隅、定
日、昌都等县）。

7. 黑熊

分类：食肉目、熊科、棕熊属。

学名： *Ursus thibetanus*。

别名：亚洲黑熊、月牙熊、狗熊、黑瞎子。

特征：毛被漆黑色。胸部具有白色或黄白色月牙形斑纹。头宽而圆，吻鼻部棕褐色或赭色，下颏白色。颈的两侧具丛状长毛。胸部毛短，一般短于 4 cm。前足腕垫发达，与掌垫相连；前后足皆 5 趾，爪强而弯曲，不能伸缩。森林性动物，活动范围广泛，栖息地的选择除受食物资源丰富度影响之外，人为干扰是关键因素，包括道路密度、距村落远近、游憩压力等。杂食性，但以植物性食物为主。吃青草、嫩叶、苔藓、蘑菇、竹笋、蕃芋、松籽、橡籽及各种浆果，也吃鱼、蛙、鸟卵及小型兽类，喜欢挖蚂蚁窝和掏蜂巢。

分布：分布在黑龙江、吉林、辽宁、四川盆地周围及川北山地、甘南及秦巴山区、云贵高原、广西、湖南、湖北、江西、福建、广东、安徽、浙江、西藏、台湾。

8. 穿山甲

分类：鳞甲目、穿山甲科、穿山甲属。

学名：*Manis pentadactyla*。

别名：鲮鲤、龙鲤、石鲮鱼。

特征：体披鳞甲的一种食蚁兽。除腹面外，从头至尾披覆瓦状角质鳞，嵌接成行，片间有刚毛。头细、眼小、舌长、无牙齿。四肢粗短，前足趾爪强壮，便于挖土打洞。平时走路掌背着地，受惊蜷成球状。尾长而扁阔，披鳞，肌筋发达，攀附蜷曲有力。颜脸、颌颊、耳眼、胸腹直至尾基以及四肢内侧无鳞有稀毛。鳞甲颜色有棕褐和黑褐两种类型，以棕褐色多见。栖息于丘陵、山麓、平原的树林潮湿地带，喜炎热，能爬树，常挖穴而居。主要食物为白蚁，也食蚁及其幼虫、蜜蜂和其他昆虫幼虫。

分布：罕见或濒临绝迹。分布于中国南部。

9. 鬣羚

分类： 偶蹄目、洞角科、鬣羚属。

学名： *Capricornis sumatraensis*。

别名： 苏门羚、山驴子、四不像、天马。

特征： 体型中等，体长 140 cm 左右。耳廓发达，耳长 16～17 cm。眶下腺大而明显。雌雄均具角，横切面呈圆形，两角几平行并呈弧形向后伸展，角尖斜向下方。头后、颈背具长的鬣毛。上体褐灰、灰白或黑色。腋下和鼠蹊部呈锈黄色或棕白色。四肢腿部外侧为黑灰锈色或栗棕色。尾色与上体色调相同。栖息于海拔 1 000～4 400 m 针阔混交林、针叶林或多岩石的灌木丛，大多生活在地势险峻的地方。以草类、树叶、菌类和松萝为食。

分布： 在中国分布较广，具体分布于西北、西南、华东和华中地区。

10. 彩蝠

分类: 翼手目、蝙蝠科、彩蝠属。

学名: *Kerivoula picta*。

别名: 花蝠、黄蝠。

特征: 体长 3.7~5.3 cm,尾长 3.6~4.5 cm,前臂长 3.7~4.9 cm,体重 7.8~10 g,颅全长 1.5~1.72 cm。耳壳较大,耳基部管状,略似漏斗状,耳内缘凸起,耳屏细长披针形。翼膜与趾基相连。第五掌骨长于第三、第四掌骨,翼显得短而宽。足背有黑色短毛。背腹毛橙黄色,但腹毛较淡。前臂、掌和指部及其附近为橙色,但指间翼膜为黑褐色。头骨吻部狭长,略上翘,脑颅圆而高凸。一般栖息于森林以及树叶下。

分布: 分布于广西、海南、贵州、广东、福建等地。

11. 斑蝠

分类：翼手目、蝙蝠科、斑蝠属。

学名：*Scotomanes ornatus*。

特征：体形中等，体长 74.3 mm，尾长 47.3 mm，前臂长 50～60 mm。耳较长，呈椭圆形；耳屏较短，端部钝，外缘弧形内缘直，有小副叶；翼膜止于趾基部。头骨吻部短宽，其上中央有一纵凹；脑颅近圆形，与吻部几呈平面；眶上嵴明显，矢状嵴和人字嵴均发达；上颌每侧仅具 1 枚门齿、1 枚上颌前白齿。体毛具光泽和独特的色彩，上体褐棕色，背部中央有白色条纹；头顶有白色毛斑，基部也有短白毛；下体中央和颈部各有一"V"字形的棕褐色毛带；翼膜黑褐色，股间膜淡棕褐色，两肩后有白斑。栖息于热带、温带阴湿的石缝内。群栖。黄昏及夜晚出洞，在竹林和树林周围觅食。

分布：分布于广西、贵州、安徽、云南、四川、海南、广东、福建、湖南等地。

12. 刺猬

分类：猬形目、猬科、猬属。

学名：*Erinaceus amurensis*。

别名：黑龙江刺猬。

特征：猬类中体形较大的种类，体重 360～1 000 g。吻尖、眼小、耳小、脚短、尾短；体形肥矮，几呈球形。体背及体侧多被棘刺，刺基部 2/3 为白色，刺端黑色或黑棕色。耳短，几乎隐于棘刺中。自头顶至吻部以及脸面部均被污白色长毛；颈体之背面和侧面的棘刺尖端污白色，刺端土棕色；腹部刚毛及前足污白色，后足淡棕色。不同地区的不同亚种毛色略有差异。前后肢各 5 趾。栖息于灌木丛中，会游泳，怕热。在秋末开始冬眠，直至第二年春季才醒。捕食昆虫及幼虫，也兼食无脊椎动物、小型脊椎动物以及植物的根和果实等。

分布：全国各地均有分布。

13. 獐

分类：偶蹄目、鹿科、獐属。

学名：*Hydropotes inermis* Swinhoe。

别名：獐子、黄子、香獐、河麂。

特征：小型鹿科动物的一种，比麝略大，体长 91～103 cm，尾长 6～7 cm，体重 14～17 kg。两性都无角，雄獐上犬齿发达，突出口外成獠牙。无额腺，眶下腺小。耳相对较大，尾极短，被臀部的毛遮盖。毛粗而脆。幼獐毛被有线色斑点，纵行排列。栖息于山地、草坡、灌木丛中，不上高山，喜在河岸、湖边潮湿地或沼泽地的芦苇中生活，善游泳。不结大群，独居或成双活动，最多三五只在一起。以灌木嫩叶及杂草为食，常至附近农田吃蔬菜、豆科作物及薯叶。

分布：分布在浙江、江西、江苏等地。

14. 豺

分类：食肉目、犬科、豺属。

学名： *Cuon alpinus*。

别名：印度野犬、亚洲野犬。

特征：大小似犬而小于狼。体长 85～130 cm，尾长 45～50 cm，体重 15～20 kg。吻较狼短而头较宽，耳短而圆，身躯较狼为短。四肢较短，尾比狼略长，但不超过体长的一半，其毛长而密，略似狐尾。背毛红棕色，毛尖黑色，腹毛较浅淡。下臼齿每侧仅 2 枚。豺既抗寒，也耐热。以南方有林的山地、丘陵为主要栖息地，群居性，少则两三只，一般七八只，集体猎食。常捕猎麂类、鹿类、麝类、鬣羚、斑羚、羚牛和野猪等大、中型有蹄类为食。

分布：全国广泛分布，多见于四川、贵州、湖北等地。

15. 狼

分类: 食肉目、犬科、犬属。

学名: *Canis lupus*。

特征: 犬科中体型最大者,外形似狼犬,但吻尖口宽。通常两耳直立,尾不上卷,尾毛蓬松,尖毛头黑色显著。整个头部、背部以及四肢外侧毛黄褐色、棕灰色,杂有灰黑色毛,但四肢内面以及腹部毛色较淡。毛色常因栖息环境不同和季节变化而有差异。前足5趾,后足4趾。狼群主要捕食大型哺乳动物。研究表明,狼是控制当地生态平衡的关键角色。狼群拥有严格的等级制度,有领域性。

分布: 世界性广泛分布。因生态环境的破坏和人为捕杀,由过去的全国性分布变为现在多分布于北纬30°以北地区,主要分布在东北三省、内蒙古和西藏人口密度较小的地区。江西、福建武夷山地区少有分布。

16. 野猪

分类：偶蹄目、猪科、野猪属。

学名：*Sus scrofa*。

别名：山猪、豕舒胖子。

特征：平均体长为 1.5～2 m(不包括尾长)，肩高约 90 cm，体重 90～200 kg。体躯健壮，四肢粗短。头较长，耳小并直立，吻部突出似圆锥体，其顶端为裸露的软骨垫(也就是拱鼻)。每脚有 4 趾，且硬蹄，仅中间 2 趾着地。尾巴细短。犬齿发达，雄性上犬齿外露，并向上翻转，呈獠牙状。耳披有刚硬而稀疏针毛，背脊鬃毛较长而硬。整个体色棕褐色或灰黑色。毛色呈深褐色或黑色。幼猪的毛色为浅棕色，有黑色条纹。栖息于山地、丘陵、荒漠、森林、草地和林丛间，环境适应性极强。

分布：除极干旱、极寒冷、海拔极高的地区，均广泛分布。除了青藏高原、戈壁沙漠外，广布在中国境内。

17. 赤狐

分类：食肉目、犬科、狐属。

学名：*Vulpes vulpes*。

别名：红狐、火狐。

特征：狐属中个体最大者，体重可达 6.5 kg。体形细长，四肢短，吻尖长，耳尖直立，尾毛长而蓬松，尾长超过体长的一半。背毛棕黄色或棕红色，亦有呈棕白色，因气候或地区不同而略有差异；喉、胸和腹部毛色浅淡，耳背面上部及四肢外面均趋黑色；尾背面红褐色带有黑色、黄色或灰色细斑，尾腹面棕白色，尾端白色。栖息环境非常多样，如森林、草原、荒漠、高山、丘陵、平原及村庄附近，甚至城郊皆可栖息。主食小型兽和鸟类，也捕捉鱼、蛙、蜥蜴、昆虫，还采食野果。

分布：广东、陕西、河南、江西、吉林、安徽、河北、甘肃、宁夏、山西、江苏、四川、福建、湖南、浙江、贵州、辽宁、山东、新疆、内蒙古、西藏、广西、湖北、黑龙江、云南和青海各省均有分布。

18. 水獭

分类：食肉目、鼬科、水獭属。

学名：*Lutra lutra*。

别名：獭猫、鱼猫、水狗、水毛子、水猴。

特征：半水栖的中型食肉兽。头宽扁，吻不突出，眼耳都小，体筒状细长，尾中等长，基部粗、尖端细，柔韧有力。四肢短，趾间有蹼，各趾爪显露、侧扁，略有大小不同。嘴角触须长而粗硬，前肢腕垫后也有数根短刚毛。体毛短而密致，多咖啡褐色，有油亮光泽。傍水而居，多居自然洞穴。常独居，不成群。以鱼为主食，也捕食蟹、蛙、蛇、水禽等各种小型动物。

分布：分布在中国的华南、西南和东北。

19. 貉

分类：食肉目、犬科、貉属。

学名：*Nyctereutes procyonoides*。

别名：貉子、狸、毛狗。

特征：体形较犬和狐小，但躯体肥壮。吻尖，颊部生长毛。四肢短，尾短而粗。周身毛长而蓬松，底绒丰厚，体毛黄褐色或赭褐色，毛尖多为黑色；两颊连同眼周的毛黑色，形成大斑纹；背毛基部棕色或驼色，体侧毛色较浅；腹毛没有黑色毛尖，四肢下部黑褐色。穴居，常利用其他动物的旧洞，或营巢于石隙、树洞中。昼伏夜出，一般单独活动，偶见三五成群。食性较杂，主食各种小动物，也食野果、真菌、种子和谷物。生活在山地林区，尤喜栖息于接近农作区的林缘地带。

分布：貉是东亚特有动物，原产于俄罗斯、朝鲜、日本、中国、蒙古、韩国、越南等，日本数量较多。以前在中国分布较广，黑龙江、内蒙古、吉林、浙江、江苏、安徽、湖北、湖南、江西、福建、四川、云南、贵州等地均有分布，目前在中国的一些地方已经灭绝。

动物中文名索引

参考文献

［1］车晋滇,杨建国.北方习见蝗虫彩色图谱.中国农业出版社,2005.

［2］范滋德.中国动物志 昆虫纲 双翅目 蝇科.科学出版社,2008.

［3］华特博等.昆虫图鉴.中国长安出版社,2004.

［4］黄邦侃.福建昆虫志.福建科学技术出版社,1999.

［5］李成德,许青,韩辉林.动物学野外实习手册.高等教育出版社,2011.

［6］唐志远.常见昆虫.中国林业出版社,2008.

［7］薛万琦,杜晶,佟艳丰.蝇类概论.科学出版社,2009.

［8］张巍巍.常见昆虫野外识别手册.重庆大学出版社,2007.

［9］张巍巍,李元胜.中国昆虫生态大图鉴.重庆:重庆大学出版社,2014.

［10］赵梅君,李利珍.多彩的昆虫世界:中国600种昆虫生态图鉴.上海科学普及出版社,2005.

［11］赵修复.福建省昆虫名录.福建科学技术出版社,1982.

［12］中国科学院中国动物志委员会,何俊华,许再福.中国动物志:膜翅目.科学出版社,2002.

［13］单鹃,马鸣一,张年狮.石蜡法在小型爬行类及灵长类标本制作中的运用.农技服务,2010,27(6):815—816.

［14］刘晔.中国青步甲属分类研究 鞘翅目 步甲科.贵州大学,2010.

［15］华立中,奈良一,G・A・赛缪尔森,S・W・林格费尔特.中国天牛(1406种)彩色图鉴.中山大学出版社,2009.

［16］曹友强,韩辉林.山东省青岛市习见森林昆虫图鉴.黑龙江科学技术出版社,2016.

［17］杨平之.高黎贡山蛾类图鉴 昆虫纲 鳞翅目.科学出版社,2016.

［18］肖方,林峻,李迪强.野生动植物标本制作(第二版).科学出版社,2014.

［19］杨定,刘星月.中国动物志 昆虫纲(第51卷:广翅目).科学出版

社,2010.

[20] 朱弘复,王林瑶.中国动物志　昆虫纲(第 11 卷：天蛾科).科学出版社,1997.

[21] 韩红香,薛大勇.中国动物志　昆虫纲(第 54 卷：尺蛾科(尺蛾亚科)).科学出版社,2011.

[22] 中国科学院动物研究所.中国蛾类图鉴(Ⅰ—Ⅳ).科学出版社,1982.

[23] 周尧.中国蝴蝶原色图鉴.河南科学技术出版社,1999.

[24] 周尧.中国蝶类志.河南科学技术出版社,1994.

[25] 刘友樵,武春生.中国动物志　昆虫纲(第 47 卷：枯叶蛾科).科学出版社,2006.

[26] 隋敬之,孙洪国.中国习见蜻蜓.农业出版社,1986.

图书在版编目(CIP)数据

江西武夷山动物生物学野外实习手册/罗朝晖,王艾平主编. —上海:复旦大学出版社,2020.7

弘教系列教材

ISBN 978-7-309-14708-7

I. ①江… Ⅱ. ①罗… ②王… Ⅲ. ①武夷山-动物学-教育实习-高等学校-教学参考资料

Ⅳ. ①Q95-45

中国版本图书馆 CIP 数据核字(2020)第 107996 号

江西武夷山动物生物学野外实习手册
罗朝晖　王艾平　主编
责任编辑/梁　玲

复旦大学出版社有限公司出版发行
上海市国权路 579 号　邮编:200433
网址:fupnet@ fudanpress. com　http://www. fudanpress. com
门市零售:86-21-65102580　团体订购:86-21-65104505
外埠邮购:86-21-65642846　出版部电话:86-21-65642845
常熟市华顺印刷有限公司

开本 890×1240　1/32　印张 10.125　字数 282 千
2020 年 7 月第 1 版第 1 次印刷

ISBN 978-7-309-14708-7/Q · 111
定价:60.00 元